美国著名奥数教练蒂图·安德雷斯库系列丛书(第四辑)

AwesomeMath入学测试题：前九年（2006—2014）

AwesomeMath Admission Tests: the First Nine Years（2006—2014）

[美] 蒂图·安德雷斯库(Titu Andreescu)
[美] 纳维德·萨法伊(Navid Safaei) 著
[美] 亚历山德罗·文图洛(Alessandro Ventullo)
罗 炜 译

哈爾濱工業大學出版社
HARBIN INSTITUTE OF TECHNOLOGY PRESS

内 容 简 介

每年都会有来自全球各地学习数学的学生和教师聚集在“奇妙的数学”暑期课程，有意义的解题训练一直是课程的主要内容. 本书共分为三部分，第一部分为题目，介绍了2006年至2014年“奇妙的数学”暑期课程的入学测试试题；第二部分给出了所有试题的完整或者加强的解答，许多问题都给出了多种解答；第三部分为术语表，详细地介绍了本书用到的术语. 本书有些问题涉及复杂的数学思想，但所有的问题都可以用初等的技术来解决，当然，需要以巧妙的方式将这些技术结合起来.

本书可作为准备参加数学竞赛的初高中生以及想扩大数学视野的读者的参考资料.

图书在版编目(CIP)数据

AwesomeMath 入学测试题：前九年：2006—2014/（美）蒂图 · 安德雷斯库（Titu Andreescu），（美）纳维德 · 萨法伊（Navid Safaei），（美）亚历山德罗 · 文图洛（Alessandro Ventullo）著；罗炜译. —哈尔滨：哈尔滨工业大学出版社，2024.11. —ISBN 978－7－5767－1676－4

中国国家版本馆 CIP 数据核字第 20248UH936 号

AWESOMEMATH RUXUE CESHITI：QIAN JIU NIAN：2006—2014

策划编辑　刘培杰　张永芹
责任编辑　张嘉芮　李兰静
封面设计　孙茵艾
出版发行　哈尔滨工业大学出版社
社　　址　哈尔滨市南岗区复华四道街 10 号　邮编 150006
传　　真　0451－86414749
网　　址　http://hitpress. hit. edu. cn
印　　刷　哈尔滨市颉升高印刷有限公司
开　　本　787 mm×1 092 mm　1/16　印张 13.5　字数 244 千字
版　　次　2024 年 11 月第 1 版　2024 年 11 月第 1 次印刷
书　　号　ISBN 978－7－5767－1676－4
定　　价　38.00 元

（如因印装质量问题影响阅读，我社负责调换）

序 言

每年都会有来自全球各地学习数学的学生和教师聚集在“奇妙的数学”(AwesomeMath)暑期课程. 该课程的创建是为了提供一个地方, 让数学爱好者能够相互交流, 并一起分享对该学科的热爱. 有意义的解题训练一直是课程的重要内容. 在当今的竞争环境中, 培养解决问题的能力和批判性的思维变得比以往任何时候都更重要.

多年来,“奇妙的数学”暑期课程已成为一个非常受欢迎的学习项目,不仅因为其专业、严格的课程设计和经验丰富的指导老师,还因为其选择性的录取过程. 有志于参加该课程的学生需要从每年提供的三次入学测试中选择一次参加, 根据考试成绩、个人论文和推荐信,对学生的整体申请进行评估, 最后对每个申请人做出是否录取的决定.

自 2006 年暑期课程创办以来,已经有 48 次入学测试,总共有 510 个问题,绝大多数的问题是由“奇妙的数学”的联合创始人兼主任蒂图•安德雷斯库博士创造的,这些精心设计的原创问题涵盖了所有四个传统的数学竞赛领域:代数、几何、数论和组合学.

这本书揭示了一个“幕后”的故事:当一个有创意的头脑广泛地参与数学竞赛培训时会发生什么不可思议的事情. 蒂图•安德雷斯库博士有 30 多年的教学、辅导和指导我们这个时代的聪明的数学头脑的经验. 他是 50 多本数学书籍的作者或合著者,这些书是每个数学爱好者的图书馆中必不可少的收藏. 以下是他职业生涯中的一些亮点.

- 担任美国国际数学奥林匹克 (IMO) 的总教练和领导者,为期 8 年.

- 担任美国数学协会(MAA)的美国数学竞赛主任 5 年.

- 为各种数学竞赛贡献了数百个问题, 包括 USAMO, USAJMO 和 IMO, 自 1994 年以来,每年都有他的问题入选 USAMO 或 USAJMO.

- 免费的“紫色彗星”在线数学联赛的创始人之一, 这是第一个基于团队的国际数学竞赛,每年聚集了来自 50 多个国家的 3 300 多个团队(purplecomet.org).

• 免费的在线杂志《数学反思》*的创始人兼主编.

这些问题及其解答分为两卷:第一卷包括自 2006 年开始到 2014 年的暑期课程的题目,第二卷包括 2015 年至 2021 年的题目. 每一卷都以测试问题的陈述开始,然后给出所有问题的完整或者加强的解答,许多问题有多种解法.

我们建议暑期课程的参与者在接触这些问题时不要气馁. 所有的录取测试都会照顾到不同年龄和经验的学生,录取委员会会对申请人提交的材料进行相应的评估. 有些问题涉及复杂的数学思想,但所有的问题都可以用初等的技术来解决,当然,是以巧妙的方式将这些技术结合起来. 学生应写下他们的推理和详细计算的所有重要步骤,因为我们感兴趣的是他们展示自己工作的能力.

通过完整地解决高水平竞赛类问题,本书教给学生书写证明的重要技能. 众多的问题不仅在难度方面,而且在所涉及的数学领域方面,都体现了数学的美丽和思维的奇妙. 准备参加数学竞赛的初高中学生,或者只是想扩大数学视野的人都会发现本书是完美的"伴侣".

学生参加这个美妙的数学课程不仅仅是为了数学竞赛,参加这种课程的主要目的是让自己沉浸在数学中,给自己的思想和灵魂带来快乐. 参加这个课程你将解决耐人寻味的具有挑战性的问题,可以和来自世界各地的解题爱好者打成一片;你将学会各种技能,使得你在未来的生活或事业中成为一个更强大、更自信、更有韧性、更成功的人.

阿琳娜·安德雷斯库
"奇妙的数学"运营总监

*https://www.awesomemath.org/mathematical-reflections/.

目　　录

第 1 部分
题　　目

2006 年入学测试题

测试题 A

1. 将 10 个 1 和 6 个 0 放入 4×4 的矩阵,使得每行有偶数个 1,每列有奇数个 1.

2. 设 n 为正整数,$S_n = 1 + 2 + \cdots + n$. S_n 在十进制表示下的个位数有哪些可能值?证明你的结论.

3. 证明:可以将 6×6 的正方形分成 8 个不全等的边长为整数的矩形,但是不能分成 9 个不全等的边长为整数的矩形.

4. 已知两两不同的正实数 x, y, z 满足

$$\frac{z}{x+y} < \frac{x}{y+z} < \frac{y}{z+x}$$

将 x, y, z 从小到大排列,并用代数方法证明你的结论.

5. 在坐标平面上考虑正方形 $ABCD$, 其中点 A 和 C 的坐标分别为 $(12, 19)$, $(3, 22)$. 求点 B 和 D 的坐标.

6. 设 T 是 $\{1, 2, \cdots, 2\,003\}$ 的子集. 如果 T 的一个元素 a 满足:$a - 1$ 和 $a + 1$ 都不属于 T,那么称 a 为孤立元. 求不包含孤立元的 T 的五元子集的个数.

7. 如果一个正方形的四个顶点都在一个三角形的边上,那么称这个正方形内接于这个三角形. 给定一个直角三角形, 有两种显然的方法能够作出这个直角三角形的一个内接正方形. 第一种方法是将正方形的一个顶点放在三角形的直角顶点处,第二种方法是将正方形的一条边放在三角形的斜边上. 哪种方法得到的正方形更大,还是说两种方法得到的正方形大小相同?

8. 给定非零实数 a, b, c,使得关于 x 的二次方程 $ax^2 + bx + c = 0$, $bx^2 + cx + a = 0$, $cx^2 + ax + b = 0$ 有公共根,求 $\frac{a^2}{bc} + \frac{b^2}{ca} + \frac{c^2}{ab}$ 的所有可能值.

9. 等边 $\triangle ABC$ 内接于圆 ω,点 P 在劣弧 $\overset{\frown}{BC}$ 上,线段 AP 和 BC 相交于 D. 已知 $BP=21, CP=28$,计算 $\frac{BD}{DC}$ 和 PD.

10. 一堆 2 006 个球中包含 1 003 个质量为 10 g 的球和 1 003 个质量为 9.9 g 的球. 我们想要得到两堆球, 并且它们中的球的个数相同, 但是球的总质量不同, 最少需要用天平称几次可以做到这一点?(天平可以称出左盘质量总和减去右盘质量总和的值.)

测试题 B

1. 求所有的正整数 n,使得 $3n-4, 4n-5, 5n-3$ 都是素数.

2. 求最大的 9 位数,其数码的乘积为 $9!$.

3. 给定三个边长分别为 2,3,6 的正方形,将其中两个切开,然后将得到的五块拼成一个边长为 7 的正方形.(切开的意思是将正方形沿着折线段分成两块.)

4. 数 246, 462, 624 都能被 6 整除. 若 a, b, c 两两不同,则三个三位数 $\overline{abc}, \overline{bca}, \overline{cab}$ 的最大公约数的最大可能值是多少?

5. 两个正整数的调和平均值为 2 006. 求这两个数的算术平均值的最大值.

6. 若三元整数组 (a,b,c) 满足方程组

$$\begin{cases} ab-3c &= \frac{abc}{9}+2 \\ bc-3a &= \frac{abc}{9}+3 \\ ca-3b &= \frac{abc}{9}+6 \end{cases}$$

计算 $2a+3b+6c$.

7. 是否存在内角都相等的六边形,其边长分别为 2 006,2 007,2 008,2 009,2 010, 2 011(可以不是这个顺序)?

8. 设 S 是 $\{1,2,3,\cdots,15\}$ 的一个子集, 并且 S 中的任意三个元素的乘积都不是完全平方数. 求 S 的元素个数的最大值.

9. 一个公司每年都做年报. 已知该公司每连续 p 年的总收益为正,每连续 q 年的总收益为负. 求该公司经营年数的最大值(用 p 和 q 表示).

10. 加法算式

$$
\begin{array}{r}
\text{A W E S O M E}\\
\text{M A T H}\\
+\quad \text{S U M M E R}\\
\hline
\end{array}
$$

的结果为一个 7 位数, 且其所有的数码都相同. 上面算式中不同的字母代表不同的数字. 最终 AWESOME 只有两个可能值, 求出它们.

测试题 C

1. 求最小的 20 位完全平方数.

2. 一个骑手要支付 75 美分的过路费, 若使用 5, 10, 25 美分的硬币, 则共有多少种支付方法?

3. 求所有的整数 n, 使得 $n-260$ 和 $n+260$ 都是完全立方数.

4. 一个班级的 67 名学生参加一个考试, 该考试有 6 道题, 对于第 i 道题, $1 \leqslant i \leqslant 6$, 若学生答对, 则得到 i 分; 若学生答错或不答, 则得到 $-i$ 分.

(a) 求两名学生的正的分差的最小可能值.

(b) 证明: 有四名学生最终得到相同的分数.

(c) 证明: 至少有两名学生在相同的一组题上答对, 而其余的题都答错或不答.

5. 设正实数 a, b, c 满足 $abc=1$. 证明: 三个数 $2a-\frac{1}{b}, 2b-\frac{1}{c}, 2c-\frac{1}{a}$ 中至少有一个不超过 1.

6. 求所有满足方程组

$$
\begin{cases}
xy+x-z=1\\
xy+y+z=2\,006
\end{cases}
$$

的正整数三元组 (x, y, z).

7. 考虑等腰 $\triangle ABC$, 满足 $AB=AC$, 以及 $\angle A=20^{\circ}$. 设 M 为从 C 引出的高的垂足, 点 N 在边 AC 上, 满足 $CN=\frac{1}{2}BC$. 求 $\angle AMN$ 的度数.

8. 证明: 每个非负整数都可以写成 $a^2+b^2-c^2$ 的形式, 其中 a, b, c 是正整数, 满足 $a \leqslant b \leqslant c$.

9. 设 $x_n=\sqrt{n+\sqrt{n^2-1}}, n \geqslant 1$. 将 $\frac{1}{x_1}+\frac{1}{x_2}+\cdots+\frac{1}{x_{49}}$ 写成 $a+b\sqrt{2}$ 的形式, 其中 a 和 b 是整数.

10. 加法算式

$$
\begin{array}{r}
\text{A W E S O M E} \\
\text{S U M M E R} \\
+\quad \text{P R O G R A M} \\
\hline
\end{array}
$$

的结果为一个 7 位数,并且其所有的数码都相同. 算式中的不同字母代表不同数字,解答是唯一的. 求 SUMMER 所表示的数.

2007 年入学测试题

测试题 A

1. 在一个幻方中,每行、每列、每条对角线上的数的和都相同. 图 1 给出了一个幻方的 4 个位置上的数,问 x 是多少?

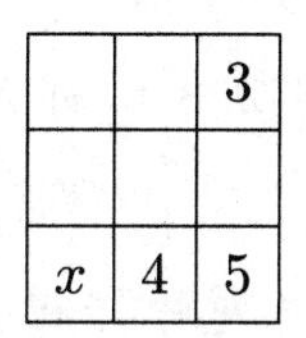

		3
x	4	5

图 1

2. 求最小的正整数,其数码的乘积为 10!.

3. 设 $d_1, d_2, \cdots, d_6$ 是两两不同的十进制数字,并且均不等于 6. 证明

$$d_1 + d_2 + \cdots + d_6 = 36$$

当且仅当

$$(d_1 - 6)(d_2 - 6)\cdots(d_6 - 6) = -36$$

4. 在标准的 8×8 国际象棋棋盘(间隔染成黑白两色)中,有 64 个单位方格,49 个 2×2 正方形,等等. 有多少个正方形中的黑色方格的个数超过一半?

5. 在一次国际象棋循环赛中,有 5 位参赛者在各参加了 2 场比赛后退出. 如果总共进行了 100 场比赛,那么最初的参赛人数是多少?

6. 求所有的正整数四元组 (x, y, z, w),满足

$$x^2 + y^2 + z^2 + w^2 = 3(x + y + z + w)$$

7. 考虑 $\triangle ABC$,以及在其外部作出的等边 $\triangle BCX$,等边 $\triangle CAY$,等边 $\triangle ABZ$. 证明:AX, BY, CZ 共点.

8. 考察 2006 年“奇妙的数学”暑期课程的参加者的平均年龄发现:如果有额外 3 个 18 岁的学生参加或者 3 个 12 岁的学生退出,那么所有人的平均年龄会增加 1 个月.求参加暑期课程的总人数.

9. 求最小的正整数 n,使得集合 $\{1,2,\cdots,2\,007\}$ 的任意 n 元子集包含 2 个元素(可以相同),它们的和为 2 的幂.

10. 设 I 是 $\triangle ABC$ 的内心,经过 I 且与 AI 垂直的直线交 BC 于 A'.类似地定义点 B' 和 C'.证明:A',B',C' 共线,并且这条直线垂直于 OI,其中 O 是 $\triangle ABC$ 的外心.

测试题 B

1. 一个梯子靠在一面垂直的墙上,梯子顶部距离地面 $24\,\mathrm{ft}(1\,\mathrm{ft}=0.304\,8\,\mathrm{m})$,如果将梯子的底部向远离于墙的方向移动 $8\,\mathrm{ft}$,那么梯子的顶部滑动到距离地面 $20\,\mathrm{ft}$ 高的位置.求梯子的长度.

2. 求最大的正整数 n,使得 $n!$ 的末尾恰好有 33 个零.

3. 求不全等的三角形的个数,其三边长为互不相等的整数,并且最长边的长度为 13.

4. 要将 8×8 的棋盘用 16 个 4×1 的矩形块覆盖,有多少种方法?图 2 所示的是其中的 3 种.

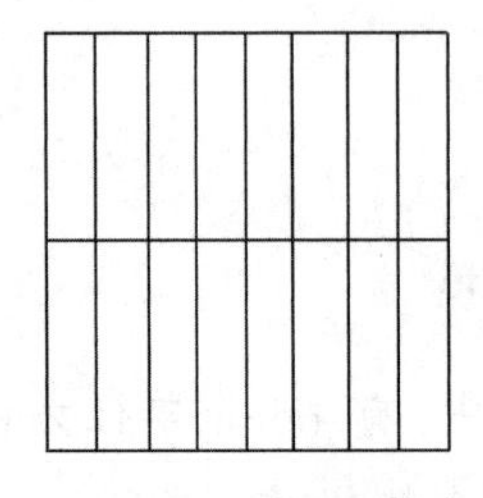
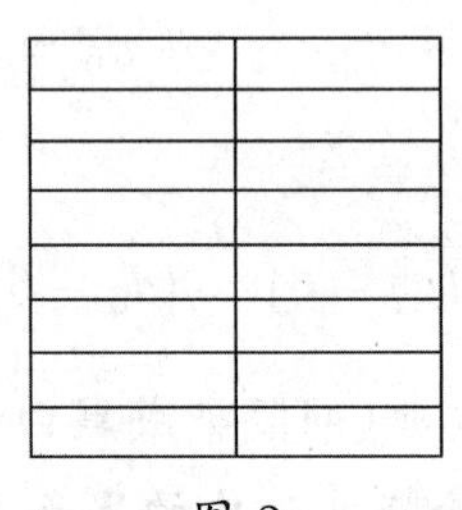
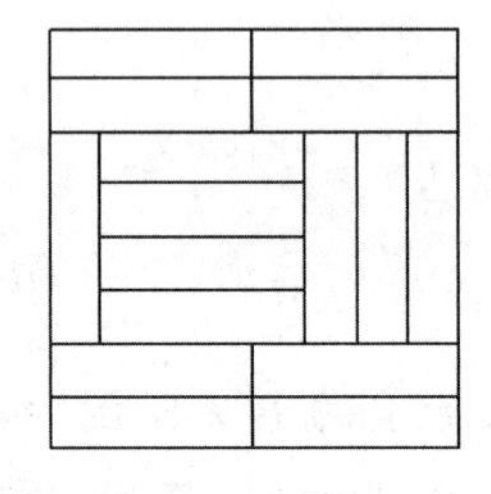

图 2

5. 若直角三角形的边长都是整数,则称其为“勾股三角形”.某勾股三角形的一条边长为 2 007,求它的周长的最大可能值.

6. 设 a,b,c 为不同的素数,满足 $a+b+c,-a+b+c,a-b+c,a+b-c$ 都是素数.已知 $b+c=200$,求 a.

7. 将一个立方体的所有面都染成 6 种颜色之一,使得任意 2 个相邻的面的颜色不同.2 种染色方案如果只是相差立方体的一个旋转,那么认为是相同的方案.有多少种不同的染色方案?

8. 对每个正整数 n,设

$$a_n = \frac{n^3}{n^2 - 15n + 75}$$

证明:$a_1 + a_2 + \cdots + a_{15}$ 是整数,不直接代入计算,求出这个数的值.

9. 求所有的整数对 (x, y),满足

$$xy + \frac{x^3 + y^3}{3} = 2\,007$$

10. 在 $\triangle ABC$ 上向外作等边 $\triangle BCA_1$,等边 $\triangle CAB_1$,等边 $\triangle ABC_1$. 设 X, Y, Z 分别是 $\triangle BCA_1, \triangle CAB_1, \triangle ABC_1$ 的中心. 证明:$\triangle XYZ$ 也是等边三角形.

测试题 C

1. 求所有的整数 n,使得 $4n + 9$ 和 $9n + 1$ 都是完全平方数.

2. 一个电子钟上的时间显示范围为 00:00:00 到 23:59:59. 在 24 小时之中,有多少次这个电子钟恰好显示出 4 个 4?

3. 设 $s_1, s_2, \cdots, s_{25}$ 是连续的 25 个整数的平方. 证明

$$\frac{s_1 + s_2 + \cdots + s_{25}}{25} - 52$$

是完全平方数.

4. 设四边形 $ABCD$ 内接于圆,P 是对角线的交点,A_1, B_1, C_1, D_1 分别是 P 在四边形的四条边上的投影. 证明:四边形 $A_1B_1C_1D_1$ 有内切圆.

5. 求所有满足方程组

$$\begin{cases} xy + z = 100 \\ x + yz = 101 \end{cases}$$

的整数三元组 (x, y, z).

6. 设梯形 $ABCD$ 满足 $AB /\!/ CD$,P 是对角线 AC 和 BD 的交点. 如果三角形的面积满足 $[PAB] = 16^*$, $[PCD] = 25$,求 $[ABCD]$.

7. 一个电子黑板开始显示数 36. 每过一分钟,所显示的数都变成刚才的数乘以或者除以 2 或 3. 能否在经过一个小时以后,显示出数 12?

*$[ABC \cdots X]$ 表示多边形 $ABC \cdots X$ 的面积.

8. 设 $\triangle ABC$ 是等边三角形, P 为外接圆上的劣弧 $\overset{\frown}{BC}$ 上的一点, A' 是 PA 和 BC 的交点. 证明

$$\frac{1}{PA'} = \frac{1}{PB} + \frac{1}{PC}$$

9. 一个国际象棋棋盘上最多可以放多少只马(放在格子中),使得它们两两不能互相攻击?

10. 将 8×8 的正方形的一个角上的 1×1 的正方形去掉,并将剩下的部分分成一些全等的三角形,最少需要分成多少个三角形?

2008 年入学测试题

测试题 A

1. 将一个 4×9 的矩形分成两块,然后拼成一个正方形.

2. 求所有的素数 p,使得 $32p+1$ 是一个完全立方数.

3. 是否可以将 $1,2,3,\cdots,16$ 排成一圈,使得任意两个相邻数之和为完全平方数?是否可以将其排成一行,使得任意两个相邻数之和为完全平方数?

4. 求最小的正整数,它有多于 120 个因子,并且其中至少有 12 个是连续的正整数.

5. 在图 2 的每个方格中放入 $1 \sim 9$ 的不同数字,使得水平的五个方格中的数之和等于竖直的五个方格中的数之和,其中 $3,5,7$ 的位置已知. 求黑色方格中的数的所有可能值.

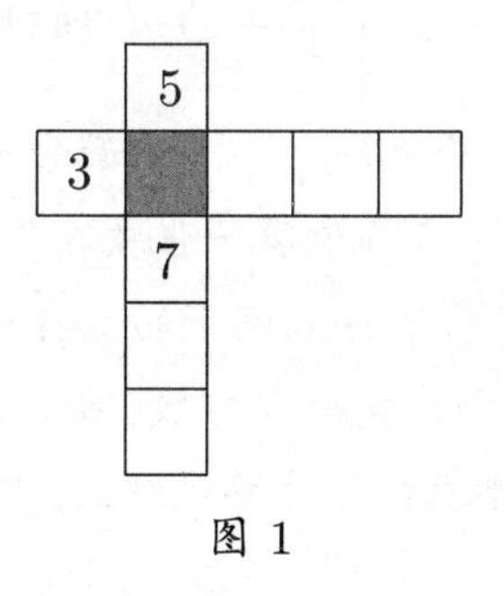

图 1

6. 设实数 x,y,z 满足

$$6x-9y+7z=2,\ 7x+2y-6z=9$$

计算 $x^2-y^2+z^2$.

7. 求所有的整数对 (m,n),满足 $3m+4n=5mn$.

8. 三个全等的圆有一个公共点 P,还相交于三个点 A,B,C. 证明:经过 A,B,C 的圆和这三个圆全等.

9. 求 x^n 除以 x^2-x-1 的余式.

10. 一个 8×8 的棋盘被一些 2×1 的长方形骨牌铺满,每个骨牌都被涂成了黑色或白色. 求最少需要多少块黑色骨牌,使得我们可以将棋盘铺设成没有 2×2 的正方形是完全由白色骨牌覆盖的(不要求恰好是由两块白色骨牌覆盖)?

测试题 B

1. 利用如图 2 所示的块铺满一个正方形.

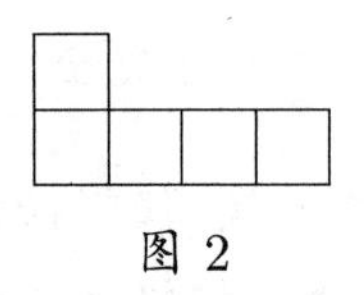

图 2

2. 求所有的素数 p,使得 $47p^2+1$ 是完全平方数.

3. 黑板上写着数 $1\sim10$. 去掉其中一些数,使得剩余的数可以分成两组,每组的乘积相同. 最少需要去掉多少个数?

4. 求最小的正整数 n,使得对任意的素数 p,p^2+n 不是素数.

5. 对所有实数 x,y,z,求 $x^4+y^4+z^4-4xyz$ 的极小值.

6. 甲、乙两人做如下的游戏:有 22 张卡片,上面分别写着数 $1\sim22$. 甲选择一张卡片放在桌上,然后乙在剩下的卡片中取一张放在甲的卡片的右边,使得两张卡片上的数之和为完全平方数. 然后甲再从剩下的卡片中选择一张放在乙的卡片的右端,使得这两张卡片上的数之和为完全平方数,如此继续. 当所有卡片用光或者没有任何符合规则的卡片可以继续放上时游戏结束,胜者为放上最后一张卡片的人. 问:甲是否有必胜策略?

7. 求所有的正整数三元组 (x,y,z),满足

$$x^3+y^3+z^3=2\ 008$$

8. 在四边形 $ABCD$ 中, AD 和 BC 的垂直平分线交于 AB 上一点. 证明: $AC=BD$,当且仅当 $\angle A=\angle B$.

9. 在一个 8×8 的棋盘上的每个格子中写上了一个不超过 10 的正整数,使得任意相邻的两个格子(包括有公共边以及对角相邻的格子)中的两个数互素. 证明:某个数至少出现 11 次.

10. 设 $A_1A_2\cdots A_{10}$ 是一个正十边形. 求顶点在 $A_1, A_2, \cdots, A_{10}$ 中的钝角三角形的个数.

测试题 C

1. 将 1 000 000 写成一个素数和一个完全平方数之和.

2. 一个整系数一元二次方程的判别式是否可以等于下列数?

(a) 2 007.

(b) 2 008.

3. 设正整数 n 是 4 的倍数. 证明:n^2+2 可以写成 $a^4+b^4+c^4+d^4-4abcd$ 的形式,其中 a,b,c,d 是非负整数.

4. 设 $\triangle ABC$ 满足 $AB=AC=20, BC=24$,点 D 在 $\triangle ABC$ 的外接圆的劣弧 $\overset{\frown}{AB}$ 上,并且满足 $AD=15, BD=7$. 证明:CD 是外接圆的直径.

5. 将正奇数按如下方式进行分组

$$\{1\},\ \{3,5\},\ \{7,9,11\},\ \{13,15,17,19\},\ \cdots$$

证明:第 n 组的数之和为 n^3.

6. 点 M 和 N 在以 AB 为直径的半圆上,并且满足

$$AM-BM=3,\ AN-BN=7$$

设 P 是 AN 和 BM 的交点. 计算 $[AMP]-[BNP]$.

7. 图 3 中有多少个正六边形?

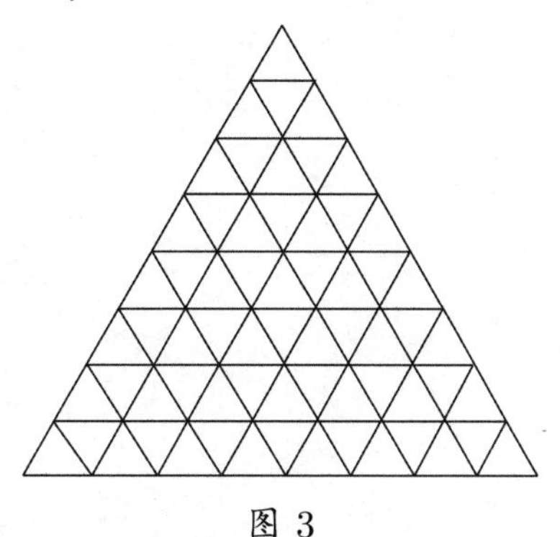

图 3

8. 设正实数 r 满足

$$\sqrt[4]{r}-\frac{1}{\sqrt[4]{r}}=14$$

证明

$$\sqrt[6]{r}+\frac{1}{\sqrt[6]{r}}=6$$

9. 求最大的整数 n,使得存在平面上的点 $P_1, P_2, \cdots, P_n$,满足任意顶点在 P_1, $P_2, \cdots, P_n$ 中的三角形有一条边的长度小于 1,还有一条边的长度大于 1.

10. 求最小的实数 r,使得若 a, b, c 是一个三角形的三边之长,则有

$$\frac{\max\{a,b,c\}}{\sqrt[3]{a^3+b^3+c^3+3abc}}<r$$

2009 年入学测试题

测试题 A

1. 时间过去了 $10!\,\mathrm{s}$,这相当于几个星期?

2. 正整数 N 的所有数码都为 1. 证明:若 7 整除 N,则 13 也整除 N.

3. 能否从一个 29×29 的纸中剪出一个边长为整数,对角线长为 29 的长方形?

4. 求最小的 22 位整数,能被 22 整除,并且其数码和为 22.

5. 对一个实数 a,设 $\lfloor a\rfloor$ 和 $\{a\}$ 分别表示它的整数部分和小数部分. 求所有的 x,满足

$$\lfloor x\rfloor\cdot\{x\}=\left(\frac{2}{5}x\right)^2$$

6. 设 $T_k=\frac{k(k+1)}{2},k=1,2,3,\cdots$. 证明:存在无穷多的正整数 n,使得 T_n 能被它的数码和整除.

7. 在 $\triangle ABC$ 中,M 是边 BC 的中点,点 D 在边 AB 上,CD 和 AM 相交于点 E,满足 $DE=AD$. 证明:$CE=AB$.

8. 设 a 和 b 是不同的实数. 证明:对任意正实数 x,有

$$\frac{8x^2}{|a-b|}+\frac{a^2+b^2}{x}\geqslant 6x$$

9. 黑板上写着数 $1\sim 10$. 每次操作可以将三个数 a,b,c 替换成

$$\frac{2(b+c)-a}{3},\ \frac{2(c+a)-b}{3},\ \frac{2(a+b)-c}{3}$$

黑板上是否能出现大于 20 的数?

10. 设多项式 $P(x)=2\ 009x^9+a_1x^8+\cdots+a_9$ 满足

$$P\left(\frac{1}{n}\right)=\frac{1}{n^3},\ n=1,2,\cdots,9$$

计算 $P\left(\frac{1}{10}\right)$.

测试题 B

1. 在下午 3:54 时,钟表的时针和分针的夹角是多少?

2. 求最小的正整数,其平方的末尾为 2 009.

3. 求所有的正整数 n,使得 $\sqrt{\sqrt{n}+\sqrt{n+2\ 009}}$ 是整数.

4. 有多少正的完全立方数能整除 25! ?

5. 求所有的整数 n,使得存在两两不同的奇数 a,b,c 满足

$$\begin{cases} n+2\ 009=a+b+c \\ n+abc=ab+bc+ca \end{cases}$$

6. 正方体的一个顶点处有一只小虫. 小虫每天沿着正方体的一条棱爬到一个相邻的顶点. 有多少条路径,使得小虫爬行 6 天后回到原来的顶点?

7. 设 $ABCD$ 是平行四边形,X 和 Y 是 $ABCD$ 外两点,满足 $\triangle BCX$ 和 $\triangle CDY$ 都是正三角形. 证明:$\triangle AXY$ 也是正三角形.

8. 在国际象棋的一个变种中,骆驼沿着 2×4 的长方形的对角格跳跃,如图 1 所示.

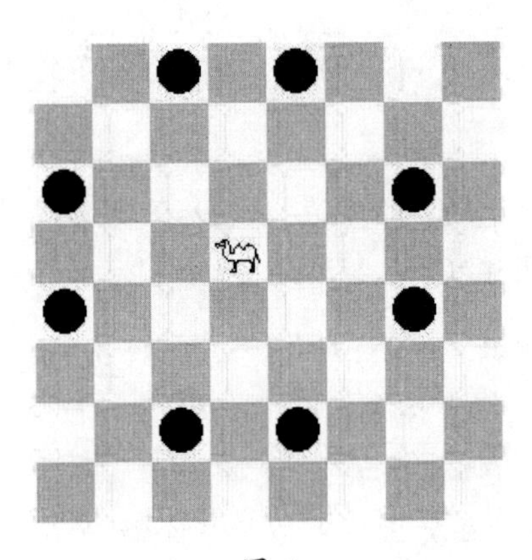

图 1

证明:在无限大的棋盘上,一个骆驼必须经过偶数步才能跳回初始位置.

9. 设 $a_n=2-\frac{1}{n^2+\sqrt{n^4+\frac{1}{4}}}$, $n=1,2,\cdots$. 证明:$\sqrt{a_1}+\sqrt{a_2}+\cdots+\sqrt{a_{119}}$ 是整数.

10. 桌上有一堆 2 009 颗的石子. 每次操作可以选择一堆个数大于 2 的石子,扔掉其中一颗石子,然后将其分成两堆更少的石子(两堆石子的数目可以不同). 是否可以操作,使得最后桌上的每堆石子都恰有 3 颗?

测试题 C

1. 求最小的正奇数,使其数码和为 2 009.

2. 满足 $n^2+2\ 009n$ 为完全平方数的最大正整数 n 是多少?

3. 求恰有 2 009 个正因子的最小的正整数.

4. 证明:在乘积 $1!\times 2!\times\cdots\times 120!$ 中,可以去掉一个因子 $k!$,使得剩余部分的乘积为完全平方数.

5. 求正整数对 (m,n) 的个数,满足

$$\frac{1}{m}+\frac{1}{n}=\frac{1}{2\ 009}$$

6. 设 $\triangle ABC$ 满足 $\angle A=120^\circ$,点 P 在 $\angle A$ 的平分线上,满足 $PA=AB+AC$. 证明:$\triangle PBC$ 是等边三角形.

7. 设 n 是正整数,证明:$\underbrace{44\cdots 4}_{2n\text{ 位}}-\underbrace{88\cdots 8}_{n\text{ 位}}$ 是完全平方数.

8. 设 a,b,c 是正实数. 证明

$$\frac{a}{a+2b}+\frac{b}{b+2c}+\frac{c}{c+2a}\geqslant 1$$

9. 将 $2\ 009^{2\ 010}$ 写成 6 个不同的完全平方数之和.

10. 设四边形 $ABCD$ 内接于直径为 $AD=x$ 的半圆. 若 $AB=a$, $BC=b$, $CD=c$,证明

$$x^3-(a^2+b^2+c^2)x-2abc=0$$

2010 年入学测试题

测试题 A

1. 在图 1 中,2 010 正下方的数字是哪个?

0						
1	2	3				
4	5	6	7	8		
9	10	11	12	13	14	15

图 1

2. 考虑 n 个不同的正整数,其算术平均值小于 n. 证明:这 n 个数中存在相邻的两个数.

3. 2 010 位数 $100\cdots09$ 是否是素数?

4. (a) 有多少小于 1 000 的正整数能被 3, 4, 5 中的至少一个数整除?
(b) 有多少小于 1 000 的正整数,其数码包含 3, 4, 5 中的至少一个数?

5. 爱丽丝注意到她的社保号码 $ABC–DE–FGHI$ 满足加法算式 $ABC+DE=FGHI$,其中 $F\neq 0$. 求所有不含数字 7,且数码互不相同的这种社保号码.

6. 是否存在一个完全平方数,其末尾的 10 个数码互不相同?

7. 设 $a_0=1, a_{n+1}=a_0\cdots a_n+3, n\geqslant 0$. 证明

$$a_n+\sqrt[3]{1-a_na_{n+1}}=1,\quad \forall n\geqslant 1$$

8. 在国际象棋棋盘的格子中随机填入数 $1\sim 64$. 证明:存在两个相邻的格子,其中填入的数的差至少为 5.

9. 设 a,b,c 是三角形的三条边的长度,证明

$$0 \leqslant \frac{a-b}{b+c}+\frac{b-c}{c+a}+\frac{c-a}{a+b}<1$$

10. 设 m 和 n 是正整数,$m<n$. 计算

$$\sum_{k=m+1}^{n} k(k^2-1^2)(k^2-2^2)\cdots(k^2-m^2)$$

测试题 B

1. 若 $4a-3$ 和 $4b-3$ 的和为 2 010,求 $\frac{a}{3}-4$ 和 $\frac{b}{3}-4$ 的和.

2. 两组连续的 10 个整数 $1,2,\cdots,10$ 和 $11,12,\cdots,20$ 都从末位数码为 1 的数开始,并且恰好包含 4 个素数. 求下一组这样的连续 10 个数之和.

3. (a) 求最大的素数 p,使得 p^2 整除 $2\ 009!+2\ 010!+2\ 011!$.

(b) 求满足 (a) 中条件的第二大的素数.

4. 设 $a \geqslant b \geqslant c>0$. 证明

$$(a-b+c)\left(\frac{1}{a}-\frac{1}{b}+\frac{1}{c}\right) \geqslant 1$$

5. 求所有的整数 n,使得 $n^2+2\ 010n$ 是完全平方数.

6. 求所有的正整数 n,使得存在 n 个连续的整数,它们的平方和为素数.

7. 求所有的正整数对 (x,y),满足

$$x^2+y^2+33^2=2\ 010\sqrt{x-y}$$

8. 在四边形 $ABCD$ 中,对角线 AC 和 BD 相交于 O. 设 P,Q,R,S 分别为 O 到 AB,BC,CD,DA 的投影. 证明

$$PA \cdot AB+RC \cdot CD=\frac{1}{2}(AD^2+BC^2)$$

当且仅当

$$QB \cdot BC+SD \cdot DA=\frac{1}{2}(AB^2+CD^2)$$

9. 求所有的三元实数组 (x,y,z),满足

$$x^2+y^2+z^2+1=xy+yz+zx+|x-2y+z|$$

10. 在 $\triangle ABC$ 中,P 是内部一点,直线 PA,PB,PC 分别和 BC,CA,AB 交于 A',B',C'. 证明

$$\frac{BA'}{BC}+\frac{CB'}{CA}+\frac{AC'}{AB}=\frac{3}{2}$$

当且仅当 $\triangle PAB,\triangle PBC,\triangle PCA$ 中有两个的面积相同.

测试题 C

1. 使用 $0,1,\cdots,9$ 每个数码一次,构成两个五位数,使得它们的差为最小的可能值.

2. 计算和

$$1+2+3-4-5+6+7+8-9-10+\cdots-2\ 010$$

其中每三个连续的"$+$"后接着两个"$-$".

3. 在求和式

$$\begin{array}{r} A \\ B \\ CD \\ EF \\ +\quad GH \\ \hline XY \end{array}$$

中,不同的字母代表不同的数字,不允许首位为 0. 求 X 和 Y.

4. 求所有的四位数 n,其数码和等于 $2\ 010-n$.

5. 集合 A 由 7 个小于 2 010 的连续的正整数构成,集合 B 由 11 个连续的正整数构成. 如果集合 A 的元素之和等于集合 B 的元素之和,那么 A 中包含的最大可能数是什么?

6. 设整数 n 满足 $2n^2$ 恰好有 28 个不同的正因子,$3n^2$ 恰好有 24 个不同的正因子. $6n^2$ 有多少个不同的正因子?

7. 证明:在一个直角三角形中,直角的平分线平分斜边上的中线和高形成的角.

8. 求所有的整数 n,使得 $9n+16$ 和 $16n+9$ 都是完全平方数.

9. 是否存在整数 n,使得三个数 $n+8, 8n-27, 27n-1$ 中恰有两个是完全立方数?

10. 在四边形 $ABCD$ 中,$\angle B=\angle C=120°$,并且

$$AD^2=AB^2+BC^2+CD^2$$

证明:$ABCD$ 有一个内切圆.

2011 年入学测试题

测试题 A

1. 使用 $0,1,\cdots,9$ 每个数码一次,构成三个数,使得它们的和 S 最小. 求最小的 S.

2. 计算

$$\left(1-\frac{2\ 011}{2}\right)\left(1-\frac{2\ 011}{3}\right)\cdots\left(1-\frac{2\ 011}{2\ 010}\right)$$

3. 求所有的素数 p,使得 $2\ 011p+8$ 是两个连续奇数的乘积.

4. 有多少小于 2 011 的正整数被 5 和 6 整除,但是不被 7 或 8 整除?

5. 证明:在任意 5 个完全平方数中,存在差被 12 整除的两个数.

6. 设 $\triangle ABC$ 中 $\angle A=90^\circ$,P 在斜边 BC 上. 证明

$$\frac{AB^2}{PC}+\frac{AC^2}{PB}\geqslant\frac{BC^3}{PA^2+PB\cdot PC}$$

7. 求所有的正整数 n,使得 $(n-2)!+(n+2)!$ 是完全平方数.

8. 证明:任意平行四边形都可以分割成 2 011 个圆内接四边形.

9. 是否存在不同的素数 p,q,r,使得 qr 整除 p^2+11,rp 整除 q^2+11,pq 整除 r^2+11? 若将 11 换成 10,则答案如何?

10. 求所有的整数 $n\geqslant 2$,使得 $\sqrt[n]{3^n+4^n+5^n+8^n+10^n}$ 是整数.

测试题 B

1. 求最大的正整数 n,满足如下性质:n 的所有数码都非零,并且从左到右每连续三个数码形成的三位数都是完全平方数.

2. 求可以写成 $432 \times 0.ab5\,ab5\cdots$ 形式的所有整数,其中 a 和 b 是不同的数码.

3. 求所有的素数 p,使得 $2\,011p = 2 + 3 + 4 + \cdots + n$ 对某个正整数 n 成立.

4. 若正整数的十进制表达式中至少有两位数码,并且从左到右严格递减,则称这个整数为“递降数”. 问有多少递降数?

5. 一个平行四边形的边长为整数,对角线长为 40 和 42,求它的面积.

6. 求所有的素数 $q_1, q_2, \cdots, q_5$,使得 $q_1^4 + q_2^4 + \cdots + q_5^4$ 是两个连续偶数的乘积.

7. 在 $\triangle ABC$ 中,$\angle A = 30°$,M 是 AB 中点,$\angle BMC = 45°$. 求 $\angle C$.

8. 求所有的正整数 n,使得方程 $x^3 + y^3 = n! + 4$ 有整数解.

9. 设 A 和 B 为半圆上的点,C 为圆心,MN 为直径,$AC \perp BC$. $\triangle ABC$ 的外接圆与 MN 交于另一点 P. 证明:$(AP - BP)^2 = 2CP^2$.

10. 设正整数 n 满足 2^n 的最左面的三个数码与 5^n 的最左面的三个数码相同,求这三个数码.

测试题 C

1. 求最大的正整数 n,满足如下性质:n 的所有数码都非零,并且从左到右每连续三个数码形成的三位数都为完全平方数或者完全立方数.

2. 求最小的数,可以写成某个首项为 2 011,公差为 -4 的正整数等差数列的和,并且恰好有三个因子大于 1. *

3. 求所有的素数 p 和 q,使得 $pq - 2p$ 和 $pq + 2q$ 都是完全平方数.

4. 求方程组

$$\begin{cases} x - yz = 2 \\ xy - z = 23 \end{cases}$$

的正整数解.

5. 求多项式

$$p(x) = x^4 + 4x^3 + 6x^2 + 4x - 2\,011$$

的所有实根的乘积.

*英文版的解答和题目描述不符,译文根据英文版的解答修改了题目的描述. ——译者注

6. 求所有的正整数 n,使得 $(n+3)!+n!+3$ 为完全平方数.

7. 若 $x^2+x\sqrt{5}+1=0$,求实数 a,使得 $x^{10}+ax^5+1=0$ 成立.

8. 求所有的整数 n,使得 $n+27$ 和 $8n+27$ 都是完全立方数.

9. 计算和

$$\sum_{n\geqslant 2}\frac{3n^2-1}{(n^3-n)^2}$$

10. 四边形 $ABCD$ 内接于半圆,半圆直径为 $AD=2$. 证明

$$AB^2+BC^2+CD^2+AB\cdot BC\cdot CD=4$$

2012 年入学测试题

测试题 A

1. 使用 1 分、5 分、10 分、25 分、50 分的硬币,有多少种方法凑出一元钱,并且恰好使用 21 枚硬币?

2. 从 123 456 789 101 112 ··· 9 899 100 中删除 20 个数码,使得剩余数码组成的数最大.

3. 求所有的整数 n,使得 $7^n - 13$ 是完全平方数.

4. 若 $m = 3^3 \times 4^4 \times 5^5 \times 6^6, n = 8^8 \times 15^{15}$,计算将 $\frac{n}{m}$ 写成十进制数的数码和.

5. 求三角形的三边长 a, b, c,满足下面的方程组

$$\begin{cases} \frac{abc}{-a+b+c} &= 40 \\ \frac{abc}{a-b+c} &= 60 \\ \frac{abc}{a+b-c} &= 120 \end{cases}$$

6. 证明:$64^{65} + 65^{64}$ 不是素数.

7. 求所有的正整数三元组 (x, y, z),满足

$$x^y + y^z + z^x = 1\ 230$$

8. 设 $a_n = n + \sqrt{n^2 - 1}, n \geqslant 1$. 证明*

$$\frac{1}{\sqrt{a_1}} + \frac{1}{\sqrt{a_2}} + \cdots + \frac{1}{\sqrt{a_8}} = \sqrt{2} + 2$$

*英文原版中题目欲证等式与解答所得等式不符,译文进行了修改. ——译者注

9. 求方程组

$$\begin{cases} xy - \frac{z}{3} &= xyz + 1 \\ yz - \frac{x}{3} &= xyz - 1 \\ zx - \frac{y}{3} &= xyz - 9 \end{cases}$$

的整数解.

10. 若 a,b,c 为三角形三边的长度,证明

$$\max\{a,b,c\} < \sqrt{\frac{2(a^2+b^2+c^2)}{3}}$$

测试题 B

1. 一些连续正整数之和为 2 012,求这些正整数中最小的数的最小可能值.

2. 有多少个五位数包含数码 5?

3. 求所有的整数 n,使得 n^2-n+1 整除 $n^{2\,012}+n+2\,001$.

4. 设 a 和 b 为正实数,满足 $2a^2+3ab+2b^2 \leqslant 7$. 证明

$$\max\{2a+b, a+2b\} \leqslant 4$$

5. 求所有的整数对 (m,n),满足 $m^3+n^3=2\,015$.

6. 设 $P(x)=3x^3-9x^2+9x$. 证明:$P(a^2+b^2+c^2) \geqslant P(ab+bc+ca)$ 对所有实数 a,b,c 成立.

7. 对正整数 N,设 $r(N)$ 为将 N 的数码反序得到的数字. 例如,$r(2\,013)=3\,102$. 求所有的三位数 N,使得 $r^2(N)-N^2$ 为正整数的立方.

8. 解方程组

$$\begin{cases} \lg xy = \frac{5}{\lg z} \\ \lg yz = \frac{8}{\lg x} \\ \lg zx = \frac{9}{\lg y} \end{cases}$$

9. 在一个圆中,弦 AB 和 XY 相交于 P. 证明:P 到 AX,BX,AY,BY 的投影四点共圆,当且仅当 AX,BX,AY,BY 的中点构成一个矩形.

10. (a) 举出正偶数三元组 (a,b,c) 的例子,使得 $ab+1,bc+1,ca+1$ 都是完全平方数.

(b) 是否存在正奇数三元组 (a,b,c),使得 $ab+1,bc+1,ca+1$ 都是完全平方数?

测试题 C

1. (a) 计算从 2011 年 3 月 1 日开始到 2012 年 6 月 30 日结束，共有多少天？
(b) 求方程 $29x+30y+31z=488$ 的正整数解.

2. 解方程

$$\lfloor x\rfloor\{x\}=x$$

其中 $\lfloor a\rfloor$ 和 $\{a\}$ 分别表示不超过 a 的最大整数以及 a 的小数部分.

3. 求所有的整数 n,使得 n^3-49n 是完全平方数.

4. 解方程 $(3x+1)(4x+1)(6x+1)(12x+1)=5$.

5. 求方程组

$$\begin{cases} x+\frac{1}{y}=4 \\ y+\frac{4}{z}=3 \\ z+\frac{9}{x}=5 \end{cases}$$

的正实数解.

6. 求所有的整数 n,使得 $2^n+3^n+4^n+5^n+6^n$ 被 40 整除.

7. 求方程组

$$\begin{cases} xy+yz+zx=36 \\ x+y+z+4xyz=155 \end{cases}$$

的整数解.

8. 证明:$\triangle ABC$ 的内切圆直径等于 $\frac{1}{\sqrt{3}}(AB-BC+CA)$,当且仅当 $\angle A=60^\circ$.

9. 设 a,b,c 是三角形三边的长度. 证明

$$abc\geqslant(2a-b)(2b-c)(2c-a)$$

10. 设 x,y,z 是正实数,满足

$$xy+yz+zx\geqslant\frac{1}{\sqrt{x^2+y^2+z^2}}$$

证明:$x+y+z\geqslant\sqrt{3}$.

2013 年入学测试题

测试题 A

1. 有多少不以 5 开始,也不以 5 结束的 5 位数?

2. 一个梯形的边长为 2,3,4,5,求它的面积.

3. 求 $2^{25}-2$ 的最大素因子.

4. 点 P 是一个直径为 $1\,\mathrm{ft}$ 的圆桌上的随机一点. 一个直径为 $1\,\mathrm{in}(1\,\mathrm{in}=2.54\,\mathrm{cm})$ 的圆盘放在桌上, 其圆心在点 P. 这个圆盘完全位于圆桌内的概率是多少? $(1\,\mathrm{ft}=12\,\mathrm{in})$

5. 求方程 $2(x^2+y^2)+x+y=5xy$ 的整数解.

6. 求方程

$$\sqrt{2\ 013+2\sqrt{x}}-x=9$$

的正实数解.

7. 设 a,b,c 为正实数,$a+b+c=1$. 求

$$S=2\left(\frac{a}{1-a}+\frac{b}{1-b}+\frac{c}{1-c}\right)+9(ab+bc+ca)$$

的最小值.

8. 证明:对于每个正奇数 n,在十进制下 2^n 的位数和 5^n 的位数的奇偶性相同.

9. 求所有的等差数列 a,b,c,d,使得 $a-1,b-5,c-6,d-1$ 是一个等比数列.

10. 证明:存在无穷多个正整数 a,b,c,d,使得 $a-b+c-d$ 和 $a^2-b^2+c^2-d^2$ 是相邻的奇数.

测试题 B

1. 设 p_n 为第 n 个素数, $n=1,2,\cdots$. 求最小的偶数 k, 使得 $p_1+p_2+\cdots+p_k$ 不是素数.

2. 已知 $4a+\frac{1}{4}, 4b+\frac{1}{4}, 4c+\frac{1}{4}, 4d+\frac{1}{4}$ 的和为 2 013, 求 $a+\frac{1}{4}, b+\frac{1}{4}, c+\frac{1}{4}, d+\frac{1}{4}$ 的算术平均值.

3. 求最小的正整数 n, 使得 $1+2+\cdots+n$ 被 2 013 整除.

4. 是否存在 14 位完全平方数, 其具有形式 $20\ 13a\ bcd\ efg\ hij$, 其中 $a,b,\cdots,j$ 都是不同的数码?

5. 数 $2^9-2, 3^9-3, \cdots, 2\ 013^9-2\ 013$ 的最大公约数是多少?

6. 设 n 为大于 1 的整数, 化简

$$\frac{n^3+(n^2-4)\sqrt{n^2-1}-3n^2+4}{n^3+(n^2-4)\sqrt{n^2-1}+3n^2-4}$$

7. 设 $\binom{n}{k}$ 表示从 n 个物体中任取 k 个的方法数. 求最大的两位数 n, 使得 $\binom{n}{3}\binom{n}{4}$ 为完全平方数.

8. 解方程

$$\lfloor x\rfloor^2+4\{x\}^2=4x-5$$

其中 $\lfloor a\rfloor$ 和 $\{a\}$ 分别表示不超过 a 的最大整数和 a 的小数部分.

9. 设 a 和 b 是非负实数. 证明

$$(a+b)^5\geqslant 12ab(a^3+b^3)$$

10. 在 $\triangle ABC$ 中, $2\angle A=3\angle B$. 证明

$$(a^2-b^2)(a^2+ac-b^2)=b^2c^2$$

测试题 C

1. 设 p_k 为第 k 个素数. 求最小的 n, 使得

$$(p_1^2+1)(p_2^2+1)\cdots(p_n^2+1)$$

被 10^6 整除.

2. 解方程组

$$\begin{cases} x!y! = 6! \\ y!z! = 7! \\ z!x! = 10! \end{cases}$$

3. 设非零实数 a,b,c 满足 $a+b+c=0$. 计算

$$\frac{a^2}{a^2-(b-c)^2}+\frac{b^2}{b^2-(c-a)^2}+\frac{c^2}{c^2-(a-b)^2}$$

4. 证明:对任意实数 a 和 b,有

$$(a^2-b^2)^2 \geqslant ab(2a-3b)(3a-2b)$$

5. 求所有的素数 p,q,r,满足 $7p^3-q^3=r^6$.

6. 证明:对任意正奇数 n,有 24 整除 n^n-n.

7. 求所有的正整数对 (m,n),满足

$$m(n+1)+n(m-1)=2\ 013$$

8. 正实数 a,b,c 满足 $\frac{1}{a}+\frac{1}{b}+\frac{1}{c}=\frac{2\ 013}{a+b+c}$,计算

$$\left(1+\frac{a}{b}\right)\left(1+\frac{b}{c}\right)\left(1+\frac{c}{a}\right)$$

9. 将 $17^{17}+17^7$ 写成两个完全平方数之和.

10. 设非零实数 a,b,c 不全相等,并且它们满足

$$\frac{1}{a}+\frac{1}{b}+\frac{1}{c}=1,\ a^3+b^3+c^3=3(a^2+b^2+c^2)$$

证明:$a+b+c=3$.

2014 年入学测试题

测试题 A

1. 证明:2 014 可以写成 $(a^2+b^2)(c^3-d^3)$ 的形式,其中 a,b,c,d 为正整数.

2. 求方程

$$\sqrt[3]{x+2+(x-1)\sqrt{2}}+\sqrt[3]{x+2-(x-1)\sqrt{2}}=\sqrt[3]{4x}$$

的实数解.

3. 是否存在可以写成 $n+\frac{2\,014}{n}$ 形式的完全立方数,其中 n 是正整数?

4. 任给一个包含 11 个字母的词,一个程序随机移除它的 7 个字母. 如果输入的词是 AWESOMEMATH,那么输出的词是 WEST 的概率是多少?

5. 利用 $1^2,29^2,41^2$ 构成等差数列的事实,求解方程

$$\sqrt{x-21}+2\sqrt{x}+\sqrt{x+21}=5\sqrt{10}$$

6. 求可以整除数 $\underbrace{99\cdots9}_{n\text{ 个 }9}04$ 的 2 的最高次幂,其中 n 是正整数.

7. 求实数 a,使得等差数列 a,b,c,d,e 满足

$$a-b+c+d+e=2\,014, a^2+b^2+c^2=d^2+e^2$$

8. 求所有的整数对 (m,n),使得 $m^2+mn+n^2=13$.

9. 求方程

$$x^3+\lfloor x\rfloor^3+\{x\}^3=6x\lfloor x\rfloor\{x\}$$

的实数解,其中 $\lfloor a\rfloor$ 和 $\{a\}$ 分别表示不超过 a 的最大整数以及 a 的小数部分.

10. 解方程

$$(x+1)^{\frac{2}{3}}+(x+2)^{\frac{2}{3}}-(x+3)^{\frac{2}{3}}=(x^2-4)^{\frac{1}{3}}$$

测试题 B

1. 证明:$145\ 678+456\ 781+567\ 814+678\ 145+781\ 456+814\ 567$ 是 6 个不同素数的乘积.

2. 如果三个数的几何平均、算术平均、平方平均分别为 3,4,5,那么这三个数的调和平均是多少?

3. 求所有的正整数 n,使得 $\frac{(n+9)^2}{n+4}$ 是整数.

4. 求所有的六元数组 (A,B,C,D,E,F),满足

$$\overline{AAA}+\overline{BBB}+\overline{CCC}=\overline{DD}\times\overline{EF}$$

其中 $A,B,\cdots,F$ 为不同的十进制数码,并且上面的十进制数的首位均非零.

5. 计算 $\displaystyle\sum_{d\mid 2\ 014}\frac{1}{d^2+2\ 014}$.

6. 求所有的有序正整数对 (m,n),使得 $\frac{3m+1}{n}$ 和 $\frac{3n+1}{m}$ 都是整数.

7. 求方程组

$$\begin{cases} x^2-yz=\frac{1}{x} \\ y^2-zx=\frac{2}{y} \\ z^2-xy=-\frac{3}{z} \end{cases}$$

的实数解.

8. 求所有的正实数三元组 (x,y,z),使得

$$\left(\frac{x^2}{1}\right)^3+\left(\frac{y^2}{2}\right)^3+\left(\frac{z^2}{3}\right)^3=\left(\frac{x^3+y^3+z^3}{6}\right)^2$$

9. 将 $6^{5\ 432}$ 写成三个正整数的立方之和.

10. 证明:多项式 $P(x)=x^3-3x^2-6x-4$ 有一个根具有形式 $\sqrt[3]{a}+\sqrt[3]{b}+\sqrt[3]{c}$,其中 a,b,c 是不同的正整数.

测试题 C

1. 设整数 a,b,c 满足 $7a-9,7b-9,7c-9$ 的算术平均值为 2 014. 证明:a,b,c 的平均值为完全平方数.

2. 求所有的素数 p,使得 p^6+6p-4 也是素数.

3. 有多少三位数包含至少一个奇数数码?

4. 求所有的负整数 a,使得方程 $x^2+ax+2\ 014=0$ 有两个整数根.

5. 求最大的素数 p 和 $q,p>q$,使得 p^3 和 q^3 都能整除 $30!+\frac{29!}{28}$.

6. 求小于 100 的正整数 n 的个数,其满足 $(n+1)^2$ 整除 $(2n+1)!$.

7. 求所有的整数 n,使得 $n-2\ 014$ 和 $n+2\ 014$ 都是三角形数.

8. 设实数 a,b,c 满足 $a^2+b^2+c^2=1$. 求 $(a+b)c$ 的最大值.

9. 求有序正整数对 (m,n) 的个数,其满足 $mn=2\ 010\ 020\ 020\ 010\ 002$(不可使用计算器).

10. 已知

$$\frac{1}{\sin 9^\circ}-\frac{1}{\cos 9^\circ}=a\sqrt{b+\sqrt{b}}$$

其中 a 和 b 为正整数,b 不被素数的平方整除. 求 a,b.

第 2 部分
解　答

2006 年入学测试题解答

测试题 A

1. 将 10 个 1 和 6 个 0 放入 4×4 的矩阵,使得每行有偶数个 1,每列有奇数个 1.

解 本题有很多正确答案,下面的矩阵是其中之一

$$\begin{bmatrix} 1 & 1 & 1 & 1 \\ 0 & 1 & 1 & 0 \\ 0 & 0 & 1 & 1 \\ 0 & 1 & 0 & 1 \end{bmatrix}$$

□

2. 设 n 为正整数,$S_n = 1+2+\cdots+n$. S_n 在十进制表示下的个位数有哪些可能值? 证明你的结论.

解 注意到 $S_n = \frac{n(n+1)}{2}$. 我们想要计算 S_n 模 10 的值,这依赖于 $n(n+1)$ 模 20 的值,因此只需要对 $n = 0, 1, \cdots, 19$ 计算即可. 检验发现 S_n 的个位数的可能值为 $0, 1, 3, 5, 6, 8$. □

3. 证明:可以将 6×6 的正方形分成 8 个不全等的边长为整数的矩形,但是不能分成 9 个不全等的边长为整数的矩形.

证明 如果一个矩形的边长为整数,那么我们称之为整矩形. 面积最小的 9 个不全等的整矩形的尺寸为 $1\times 1, 1\times 2, 1\times 3, 1\times 4, 2\times 2, 1\times 5, 1\times 6, 2\times 3, 1\times 7$. 它们的总面积为 38,超过 6×6 的正方形的面积. 因此如果将 6×6 的正方形分成 9 个整矩形,那么其中有两个是全等的.

我们有很多种方法将 6×6 的正方形分成 8 个不全等的整矩形. 根据等式

$$36 = 1+2+3+4+5+6+6+9$$

我们想到如图 1 所示的分法.

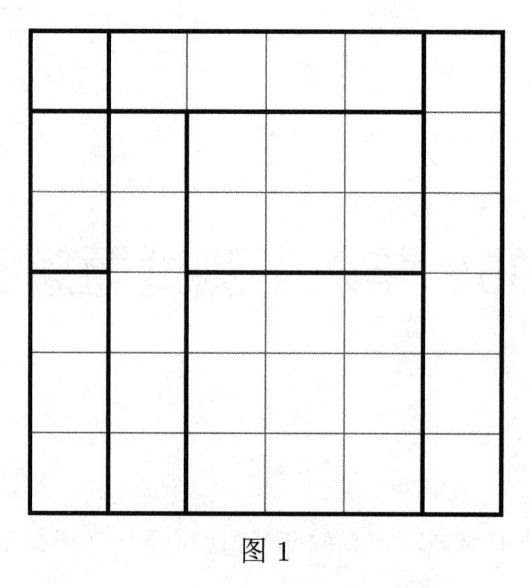

图 1

□

4. 已知两两不同的正实数 x,y,z 满足

$$\frac{z}{x+y}<\frac{x}{y+z}<\frac{y}{z+x}$$

将 x,y,z 从小到大排列,并用代数方法证明你的结论.

解 $z<x<y$.

由于 x,y,z 为正实数,因此所给条件可以写成

$$\frac{x+y}{z}>\frac{y+z}{x}>\frac{z+x}{y}$$

将不等式都加上 1,得到

$$\frac{x+y}{z}+1>\frac{y+z}{x}+1>\frac{z+x}{y}+1$$

即

$$\frac{x+y+z}{z}>\frac{y+z+x}{x}>\frac{z+x+y}{y}$$

因此 $\frac{1}{z}>\frac{1}{x}>\frac{1}{y}$,于是有 $z<x<y$. □

5. 在坐标平面上考虑正方形 $ABCD$,其中点 A 和 C 的坐标分别为 $(12,19)$, $(3,22)$. 求点 B 和 D 的坐标.

解 B 和 D 的坐标分别为 $(9,25)$ 和 $(6,16)$.

设 M 是线段 AC 的中点,则有 $M(7.5, 20.5)$,并且有 $\overrightarrow{AM} = (-4.5, 1.5)$. 于是

$$\{B, D\} = \{M \pm (1.5, 4.5)\} = \{(9, 25), (6, 16)\}$$

□

6. 设 T 是 $\{1, 2, \cdots, 2\ 003\}$ 的子集. 如果 T 的一个元素 a 满足:$a-1$ 和 $a+1$ 都不属于 T,那么称 a 为孤立元. 求不包含孤立元的 T 的五元子集的个数.

解 答案是 3 996 001.

设 $S = \{a, b, c, d, e\}$ 为 T 的五元子集,不包含孤立元. 不妨设 $a < b < c < d < e$. 由于 a 和 e 都不是孤立元,因此 $b = a+1, d = e-1$. 由于 c 不是孤立元,因此 $c = b+1$ 或者 $c = d-1$. 我们考虑三种情况:

(i) $S = \{c-2, c-1, c, d, d+1\}, c < d$. 于是 (c, d) 可以是任何满足 $3 \leqslant c < d \leqslant 2\ 002$ 的整数对. 共有 $\frac{2\ 000 \times 1\ 999}{2} = 1\ 999\ 000$ 个这样的数对,即有同样多这样类型的子集.

(ii) $S = \{b-1, b, c, c+1, c+2\}, b < c$. 此时 (b, c) 可以是任何满足 $2 \leqslant b < c \leqslant 2\ 001$ 的整数对. 共有 $\frac{2\ 000 \times 1\ 999}{2} = 1\ 999\ 000$ 个这样的数对,即有同样多此类子集.

(iii) $S = \{a, a+1, a+2, a+3, a+4\}$,显然有 1 999 个这样的子集.

第三种情形的子集在前两种情形中均出现过,因此答案是 $1\ 999\ 000 \times 2 - 1\ 999 = 1\ 999^2$. □

7. 如果一个正方形的四个顶点都在一个三角形的边上,那么称这个正方形内接于这个三角形. 给定一个直角三角形,有两种显然的方法能够作出这个直角三角形的一个内接正方形. 第一种方法是将正方形的一个顶点放在三角形的直角顶点处,第二种方法是将正方形的一条边放在三角形的斜边上. 哪种方法得到的正方形更大,还是说两种方法得到的正方形大小相同?

解 如图 2 所示,我们从两个全等的三角形 Rt$\triangle ABC$ 和 Rt$\triangle PQR$ 开始.

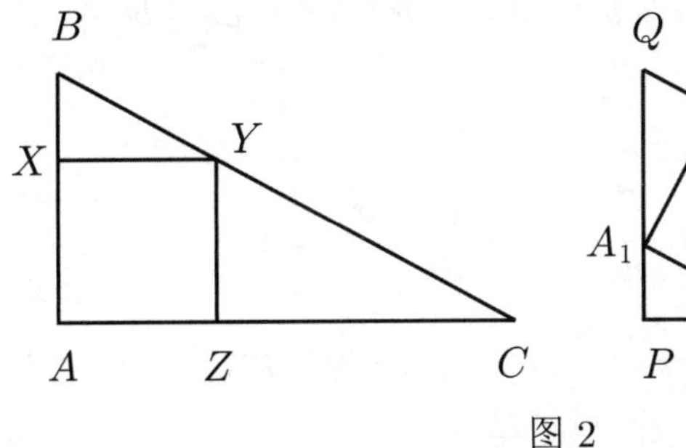

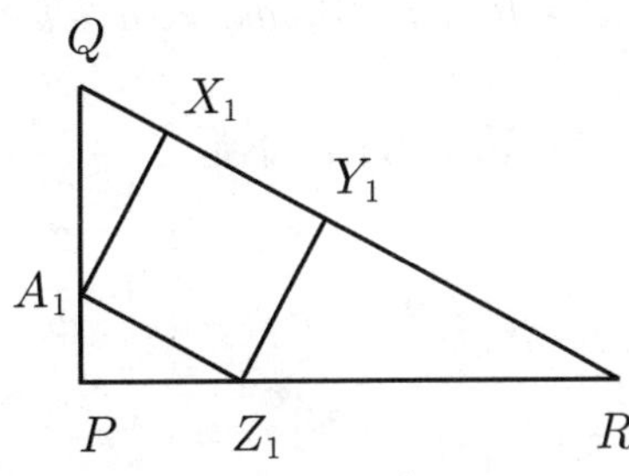

图 2

设 $AB = PQ = c, BC = QR = a, CA = RP = b$,设 $XY = s, X_1Y_1 = t$. 我们将证明 $s > t$. 由于 $\triangle BXY$ 和 $\triangle BAC$ 相似,因此 $\frac{BY}{BC} = \frac{XY}{AC}$,得出 $BY = \frac{sa}{b}$. 类似地,有 $CY = \frac{sa}{c}$. 由于 $BY + YC = a$,因此有 $\frac{sa}{b} + \frac{sa}{c} = a$,得到 $s = \frac{bc}{b+c}$.

注意到 $\triangle A_1QX_1, \triangle RQP, \triangle RZ_1Y_1$ 相似,因此有 $QX_1 = \frac{ct}{b}, RY_1 = \frac{bt}{c}$. 由于 $QR = QX_1 + X_1Y_1 + Y_1R$,因此

$$a = \frac{ct}{b} + t + \frac{bt}{c} \Rightarrow t = \frac{abc}{b^2 + c^2 + bc}$$

由于

$$\begin{aligned} &\frac{abc}{b^2 + c^2 + bc} < \frac{bc}{b + c} \\ &\Leftrightarrow a(b + c) < b^2 + c^2 + bc \\ &\Leftrightarrow (b^2 + c^2)(b + c)^2 < (b^2 + c^2 + bc)^2 \\ &\Leftrightarrow 0 < b^2c^2 \end{aligned}$$

成立,因此利用第一种方法得到的正方形更大. □

8. 给定非零实数 a,b,c,使得关于 x 的二次方程 $ax^2 + bx + c = 0, bx^2 + cx + a = 0, cx^2 + ax + b = 0$ 有公共根,求 $\frac{a^2}{bc} + \frac{b^2}{ca} + \frac{c^2}{ab}$ 的所有可能值.

解 设 α 为公共根,则有

$$a\alpha^2 + b\alpha + c = 0, \quad b\alpha^2 + c\alpha + a = 0, \quad c\alpha^2 + a\alpha + b = 0$$

将上述三个方程相加得到

$$(a + b + c)(\alpha^2 + \alpha + 1) = 0$$

若 $\alpha^2 + \alpha + 1 \neq 0$,则 $a + b + c = 0$. 于是根据恒等式

$$a^3 + b^3 + c^3 - 3abc = (a + b + c)(a^2 + b^2 + c^2 - ab - bc - ca)$$

得到 $a^3 + b^3 + c^3 = 3abc$,于是

$$\frac{a^2}{bc} + \frac{b^2}{ca} + \frac{c^2}{ab} = \frac{a^3 + b^3 + c^3}{abc} = 3$$

若 $\alpha^2 + \alpha + 1 = 0$,则 $\alpha = \frac{-1 \pm \sqrt{3}\mathrm{i}}{2}$. 由于 a,b,c 为实数,因此 $\overline{\alpha}$ 也是原始三个二次方程的根,于是 $a = b = c$,所求的值还是 3. □

9. 等边 $\triangle ABC$ 内接于圆 ω, 点 P 在劣弧 $\widehat{BC}$ 上, 线段 AP 和 BC 相交于 D. 已知 $BP=21, CP=28$, 计算 $\frac{BD}{DC}$ 和 PD.

解 如图 3 所示, 注意到两个劣弧 $\widehat{AB}$ 和 $\widehat{AC}$ 所对的圆心角的度数都是 120°, 所以

$$\angle BPD=\angle BPA=\angle CPA=\angle CPD=60^\circ$$

因此 PD 为 $\triangle BPC$ 的内角平分线, 于是

$$\frac{BD}{CD}=\frac{BP}{CP}=\frac{3}{4}$$

根据角平分线定理, 有

$$\frac{BD}{BA}=\frac{BD}{BC}=\frac{3}{7}$$

注意到 $\triangle CDP$ 相似于 $\triangle ADB$, 因此

$$\frac{PD}{PC}=\frac{BD}{BA}=\frac{3}{7}$$

得出 $DP=\frac{3}{7}\cdot CP=\frac{3}{7}\times 28=12$.

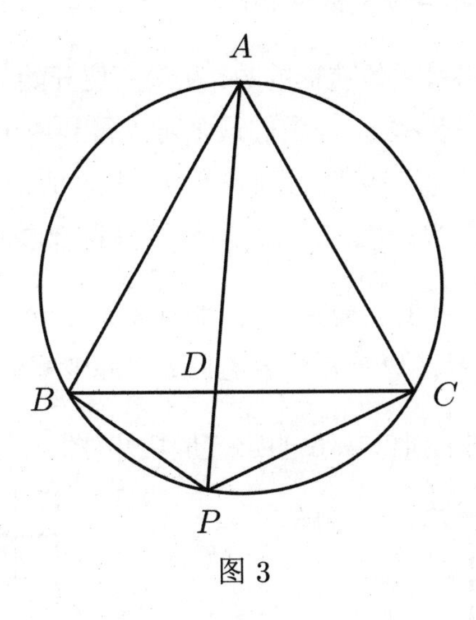

图 3

□

10. 一堆 2 006 个球中包含 1 003 个质量为 10 g 的球和 1 003 个质量为 9.9 g 的球. 我们想要得到两堆球, 并且它们中的球的个数相同, 但是球的总质量不同, 最少需要用天平称几次可以做到这一点?(天平可以称出左盘质量总和减去右盘质量总和的值.)

解 只需称 0 次即可. 考虑所有球的质量总和,等于

$$1\,003\times 10+1\,003\times 9.9=19\,959.7\,(\mathrm{g})$$

若将这些球分成质量相同的两堆球,则每堆球的质量是 $\frac{19\ 959.7}{2}=9\ 979.85\,\mathrm{g}$,无法用 $10\,\mathrm{g}$ 的球和 $9.9\,\mathrm{g}$ 的球组成,矛盾. 所以任意分成两堆个数相等的球就可以达到目的,不需要任何称量. □

测试题 B

1. 求所有的正整数 n,使得 $3n-4, 4n-5, 5n-3$ 都是素数.

解 唯一的解为 $n=2$. 若 n 是偶数,则 $3n-4$ 是偶数. 若 n 是奇数,则 $5n-3$ 是偶数. 由于偶素数只能是 2,因此这两个数之一必然为 2. 若 $3n-4=2$,则 $n=2$, $4n-5=3, 5n-3=7$,都是素数,因此 $n=2$ 是一个解. 若 $5n-3=2$,则 $n=1$, $4n-5=-1, 3n-4=-1$,不都是素数,因此 $n=1$ 不是解. 所以唯一的解是 $n=2$. □

2. 求最大的 9 位数,其数码的乘积为 $9!$.

解 我们用贪心法来作出最大的这样的数. 从最高位开始,每次都选择最大的可能的数码. 由于 $9!=2^7\times 3^4\times 5\times 7$,我们最多可以得到两个 9,然后是两个 8,剩下数码的乘积为 $2\times 5\times 7$. 现在可以得到一个 7,没有 6,一个 5,没有 4 和 3,一个 2. 要得到 9 位数,剩余的数码我们选成 1. 最终得到 998 875 211. □

3. 给定三个边长分别为 2, 3, 6 的正方形,将其中两个切开,然后将得到的五块拼成一个边长为 7 的正方形.(切开的意思是将正方形沿着折线段分成两块.)

解 有很多种不同的方法能把 6×6 的正方形切开,图 4 所示的是其中一种.

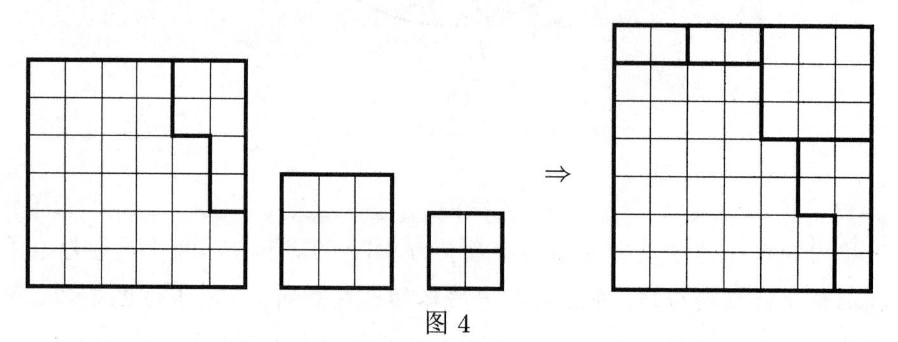

图 4

□

4. 数 246, 462, 624 都能被 6 整除. 若 a, b, c 两两不同, 则三个三位数 $\overline{abc}, \overline{bca}, \overline{cab}$ 的最大公约数的最大可能值是多少?

解 设 k 为 $\overline{abc}, \overline{bca}, \overline{cab}$ 的最大公约数. 注意到 a, b, c 必然都是非零数码.

我们首先证明 k 的素因子只能是 2, 3, 37. 假设素数 $p \mid k$, 则

$$p \mid 10 \cdot \overline{abc} - \overline{bca} = 999 \cdot a$$

若 $p \notin \{2, 3, 37\}$, 则 $\gcd(p, 999) = 1$, 于是 $p \mid a$. 类似地, 可得 $p \mid b, p \mid c$. 但是除了 2 和 3, 不会有素数能同时整除三个不同的非零数码, 矛盾.

注意到 4 不能整除 999, 而且 4 不能整除三个不同的非零数码, 因此 4 不能整除 k. 所以整除 k 的 2 的最高次幂为 $2^1 = 2$.

若 $37 \mid k$, 则 2 不能整除 k, 因为直接考察 74 的三位数倍数, 不存在三个具有形式 $\overline{abc}, \overline{bca}, \overline{cab}$ 的数. 由于 a, b, c 互不相同, 因此 $111 = 3 \times 37$ 不能整除 k. 所以若 $37 \mid k$, 则 2 或 3 均不整除 k. 显然也不会有 37 的更高次幂能整除 k, 所以此时 $k = 37$.

类似地, 我们可以验证 81 不能整除 k, 因为 81 的三位数倍数中不存在所需的形式. 因此能整除 k 的 3 的最高次幂为 $3^3 = 27$.

因此, 若 $37 \nmid k$, 则 $k \leqslant 2 \times 3^3 = 54$. 注意到 54 可以整除 486, 648, 864, 而且 $54 > 37$, 因此三个数的最大公约数的最大可能值为 54. □

5. 两个正整数的调和平均值为 2 006. 求这两个数的算术平均值的最大值.

解 设两个正整数为 x, y, 且 $x \geqslant y$. 于是有

$$\frac{2}{\frac{1}{x} + \frac{1}{y}} = 2\,006 \ \Rightarrow \ \frac{xy}{x+y} = 1\,003$$

因此 $xy - 1\,003(x+y) = 0$, 因式分解得到

$$(x - 1\,003)(y - 1\,003) = 1\,003^2$$

$1\,003^2 = 17^2 \times 59^2$, 将 $x - 1\,003$ 和 $y - 1\,003$ 分别取成 $1\,003^2$ 的因子, 则当 $x - 1\,003 = 1\,003^2, y - 1\,003 = 1$ 时 $x + y$ 最大(此时算术平均值也最大). 于是 $\frac{x+y}{2} = 504\,008$. □

6. 若三元整数组 (a, b, c) 满足方程组

$$\begin{cases} ab - 3c &= \frac{abc}{9} + 2 \\ bc - 3a &= \frac{abc}{9} + 3 \\ ca - 3b &= \frac{abc}{9} + 6 \end{cases}$$

计算 $2a+3b+6c$.

解 将题目中的三个方程相加得到

$$\frac{abc}{3}-(ab+bc+ca)+3(a+b+c)+11=0$$

可以改写为

$$(a-3)(b-3)(c-3)=-60$$

用第一个方程减去第二个方程,用第二个方程减去第三个方程,用第三个方程减去第一个方程,分别得到

$$(b+3)(a-c)=-1$$

$$(c+3)(b-a)=-3$$

$$(a+3)(c-b)=4 \tag{1}$$

于是 $|b+3|=1$, $|c+3|\in\{1,3\}$, 因此 $b\in\{-4,-2\}$, $c\in\{-6,-4,-2,0\}$. 由于 $b-3$ 和 $c-3$ 整除 -60,因此有 $b=-2$, $c\in\{-2,0\}$. 根据式 (1) 有 $b\neq c$,因此 $c=0$, $a=-1$,于是 $2a+3b+6c=-8$. □

7. 是否存在内角都相等的六边形,其边长分别为 2 006,2 007,2 008,2 009,2 010,2 011(可以不是这个顺序)?

解 我们构造一个这样的六边形. 从一个边长为 6 027 的等边三角形开始. 在三角形的三个顶点处分别移除三个更小的等边三角形,边长分别为 2 009,2 010,2 011. 剩下的六边形的内角都相等,并且其边长依次为 2 006,2 011,2 007,2 009,2 008,2 010. □

8. 设 S 是 $\{1,2,3,\cdots,15\}$ 的一个子集,并且 S 中的任意三个元素的乘积都不是完全平方数. 求 S 的元素个数的最大值.

解 将这个 15 元集合称为 U. 考虑四个不相交的 U 的子集: $\{1,4,9\}$, $\{6,8,12\}$, $\{2,7,14\}$, $\{3,5,15\}$. 这四个集合中的每一个所含的三个元素的乘积都为完全平方数,因此它们都不能是 S 的子集. 因此 S 比 U 至少少四个元素,于是 S 的元素个数不超过 11.

若 S 恰好有 11 个元素,则 S 必然包含 10,因为这是 U 中不在上面四个子集中的元素之一. 于是 $\{5,8\}$ 不能是 S 的子集,同理 $\{6,15\}$ 也不是(因为 $5\times8\times10=20^2$, $6\times15\times10=30^2$). 由于 $\{1,4,9\}$ 中只能有一个元素不在 S 中,因此有两个元素属于 S. 于是 $\{3,12\}$ 不是 S 的子集(因为 $3\times12\times1=6^2$,

$3 \times 12 \times 4 = 12^2, 3 \times 12 \times 9 = 18^2$). 现在 $\{5,8\},\{6,15\},\{3,12\}$ 都不是 S 的子集, $\{1,4,9\}$ 和 $\{2,7,14\}$ 也不是 S 的子集, 这 5 个子集没有公共元素, 因此 S 中至少要去掉 5 个元素, 矛盾.

S 可以恰好包含 10 个元素, 例如

$$S = \{4,5,6,7,9,10,11,12,13,14\}$$

因此 S 的元素个数的最大值为 10. □

9. 一个公司每年都做年报. 已知该公司每连续 p 年的总收益为正, 每连续 q 年的总收益为负. 求该公司经营年数的最大值(用 p 和 q 表示).

解 题目可以以如下方式重述:

求有限实数序列的长度的最大值, 使其满足: 连续 p 项的和总是正的, 连续 q 项的和总是负的.

我们证明项数的最大值为 $p+q-\gcd(p,q)-1$. 设 $a_1, a_2, \cdots, a_l$ 是这样的一个实数序列, 定义 $s_0 = 0, s_k = a_1 + a_2 + \cdots + a_k, k = 1, 2, \cdots, l$.

所给条件等价于 $s_k > s_{k+q}$ 对于 $0 \leqslant k \leqslant l-q$ 成立, $s_k < s_{k+p}$ 对于 $0 \leqslant k \leqslant l-p$ 成立. 设 $d = \gcd(p,q), p = p'd, q = q'd$, 其中 $\gcd(p',q') = 1$. 假设存在序列 $\{a_k\}$, 长度不小于 $l = p+q-d$, 并且满足所给条件. 于是有 $p'+q'$ 个数 $s_0, s_d, \cdots, s_{(p'+q'-1)d}$ 满足 p' 个不等式 $s_{k+q} < s_k$ 和 q' 个不等式 $s_k < s_{k+p}$. 进一步, 每一项 s_{kd} 都出现在两个这样的不等式中: 一次出现在左端, 一次出现在右端. 于是有一个不等式的序列 $s_{i_1} < s_{i_2} < \cdots < s_{i_k} < s_{i_1}$, 矛盾.

另外, 假设对于 $l = p+q-d-1$ 也有一个这样的不等式序列, 记为 $s_{i_1} < s_{i_2} < \cdots < s_{i_k} < s_{i_1}$. 若其中有 m 个 $a_{k+q} < a_k$ 形式的不等式, n 个 $a_{k+p} > a_k$ 形式的不等式, 则 $np = mq$(不等式两边项的指标差之和为零, 其中有 m 个 $-q$, n 个 p), 得出 $q' \mid n, p' \mid m, k = m+n \geqslant p'+q'$. 由于 $i_1, i_2, \cdots, i_k$ 模 d 都相同, 因此 $k \leqslant p'+q'-1$, 矛盾. 因此存在长度为 $p+q-d-1$ 的序列满足题目中的条件(以不等式关系建立有向图(图略): 若 $s_i < s_j$, 则有 $i \to j$. 这一段说明了图中没有圈, 于是可以规定 s_i 的大小使其满足这些大小关系, 进而得到序列 $\{a_i\}$). □

10. 加法算式

$$\begin{array}{rr} & \text{A W E S O M E} \\ & \text{M A T H} \\ + & \text{S U M M E R} \\ \hline \end{array}$$

的结果为一个 7 位数, 且其所有的数码都相同. 上面算式中不同的字母代表不同的数字. 最终 AWESOME 只有两个可能值, 求出它们.

解 加法算式有以下四种可能

$$9\ 752\ 185+8\ 964+238\ 850=9\ 999\ 999$$

$$9\ 752\ 185+8\ 960+238\ 854=9\ 999\ 999$$

$$2\ 071\ 357+5\ 286+145\ 579=2\ 222\ 222$$

$$2\ 071\ 357+5\ 289+145\ 576=2\ 222\ 222$$

于是 AWESOME 的两个可能值为 9 752 185 和 2 071 357. □

测试题 C

1. 求最小的 20 位完全平方数.

解 我们要找到最小的正整数 n,满足 $\lg n^2 \geqslant 19$,也就是说

$$n \geqslant 10^{\frac{19}{2}}=3\ 162\ 277\ 660.1\cdots$$

因此 $n=3\ 162\ 277\ 661, n^2=10\ 000\ 000\ 005\ 259\ 630\ 921$. □

2. 一个骑手要支付 75 美分的过路费,若使用 5,10,25 美分的硬币,则共有多少种支付方法?

解 所求问题可以转化为找到方程 $5x+10y+25z=75$ 的非负整数解的个数,即找到方程

$$x+2y+5z=15 \tag{1}$$

的非负整数解的个数. 注意到 $z \leqslant 3$,所以有 4 种情况:

(i) 若 $z=0$,则 $x+2y=15$,于是 $0 \leqslant y \leqslant 7$,$x$ 由 y 决定,有 8 组解.
(ii) 若 $z=1$,则 $x+2y=10$,于是 $0 \leqslant y \leqslant 5$,有 6 组解.
(iii) 若 $z=2$,则 $x+2y=5$,于是 $0 \leqslant y \leqslant 2$,有 3 组解.
(iv) 若 $z=3$,则 $x+2y=0$,于是 $x=y=0$,有 1 组解.

综上所述,方程 (1) 共有 $8+6+3+1=18$ 组非负整数解,即共有 18 种支付方法. □

3. 求所有的整数 n,使得 $n-260$ 和 $n+260$ 都是完全立方数.

解 设 $n+260=a^3$，$n-260=b^3$，$a,b\in\mathbb{Z}$，则 $a^3-b^3=520$，因式分解为

$$(a-b)(a^2+ab+b^2)=520 \tag{1}$$

显然 $(a,b)=(1,-1)$ 不是解，于是假设 $(a,b)\neq(1,-1)$. 注意到

$$a^2+ab+b^2=\left(a+\frac{b}{2}\right)^2+\frac{3}{4}b^2\geqslant 0$$

所以 $a-b>0$. 进一步有

$$a^2+ab+b^2\geqslant a-b \ \Leftrightarrow\ (a+b)^2+(a-1)^2+(b+1)^2\geqslant 2$$

对 $(a,b)\neq(1,-1)$ 都成立.

式 (1) 有如下可能

$$\begin{cases}a-b=1\\a^2+ab+b^2=520\end{cases},\quad\begin{cases}a-b=5\\a^2+ab+b^2=104\end{cases}$$
$$\begin{cases}a-b=8\\a^2+ab+b^2=65\end{cases},\quad\begin{cases}a-b=13\\a^2+ab+b^2=40\end{cases}$$
$$\begin{cases}a-b=2\\a^2+ab+b^2=260\end{cases},\quad\begin{cases}a-b=4\\a^2+ab+b^2=130\end{cases}$$
$$\begin{cases}a-b=10\\a^2+ab+b^2=52\end{cases},\quad\begin{cases}a-b=20\\a^2+ab+b^2=26\end{cases}$$

解每个方程组，发现只有 $a-b=10$，$a^2+ab+b^2=52$ 有整数解. 于是 $(a,b)\in\{(2,-8),(8,-2)\}$，$n\in\{-252,252\}$. □

4. 一个班级的 67 名学生参加一个考试，该考试有 6 道题，对于第 i 道题，$1\leqslant i\leqslant 6$，若学生答对，则得到 i 分；若学生答错或不答，则得到 $-i$ 分.

(a) 求两名学生的正的分差的最小可能值.

(b) 证明：有四名学生最终得到相同的分数.

(c) 证明：至少有两名学生在相同的一组题上答对，而其余的题都答错或不答.

解 (a) 关键是观察到任何人的分数都是对

$$\pm1\pm2\pm3\pm4\pm5\pm6$$

取适当的符号进行运算的结果. 所有的最终得分都有相同的奇偶性,因此最小的正分差不小于 2. 例如,某个学生答对所有题,另一个学生答对除了第一题外的所有题,则这两名学生的分差为 2.

(b) 正如我们在 (a) 中指出的,所有的最终得分的奇偶性都相同,而最多和最少的分数分别为 21 和 -21. 因此共有 22 种不同的分数. 根据抽屉原则,有某个分数出现至少 $\left\lfloor\frac{67}{22}\right\rfloor+1=4$ 次.

(c) 答对的题为六元集的子集,共有 $2^6=64$ 种可能,因此存在两名学生在相同的一组题上答对. □

5. 设正实数 a,b,c 满足 $abc=1$. 证明:三个数 $2a-\frac{1}{b},2b-\frac{1}{c},2c-\frac{1}{a}$ 中至少有一个不超过 1.

证明 用反证法,假设 $2a-\frac{1}{b}>1,2b-\frac{1}{c}>1,2c-\frac{1}{a}>1$. 由于 $abc=1$,因此有

$$1<2a-\frac{1}{b}=2a-ac=a(2-c)$$

因此 $2-c>\frac{1}{a}$,即

$$c+\frac{1}{a}<2 \tag{1}$$

同理可得

$$b+\frac{1}{c}<2 \tag{2}$$

$$a+\frac{1}{b}<2 \tag{3}$$

将式 (1) ~ (3) 相加得到

$$a+b+c+\frac{1}{a}+\frac{1}{b}+\frac{1}{c}<6$$

另外

$$a+b+c+\frac{1}{a}+\frac{1}{b}+\frac{1}{c}=\left(a+\frac{1}{a}\right)+\left(b+\frac{1}{b}\right)+\left(c+\frac{1}{c}\right)\geqslant 2+2+2=6$$

矛盾. □

6. 求所有满足方程组

$$\begin{cases}xy+x-z=1\\xy+y+z=2\ 006\end{cases}$$

的正整数三元组 (x,y,z).

解 将题目中的两个方程相加,得到

$$2xy + x + y = 2\ 007$$

因此有

$$(2x+1)(2y+1) = 4\ 015$$

由于 $4\ 015 = 5 \times 11 \times 73$,因此有

$$(x, y) \in \{(2, 401), (5, 182), (27, 36), (36, 27), (182, 5), (401, 2)\}$$

从第一个方程得到 $z = x(y+1) - 1$,于是得到

$$(x, y, z) \in \{(2, 401, 803), (5, 182, 914), (27, 36, 998), (36, 27, 1\ 007), (182, 5, 1\ 091), (401, 2, 1\ 202)\}$$

□

7. 考虑等腰 $\triangle ABC$,满足 $AB = AC$,以及 $\angle A = 20°$. 设 M 为从 C 引出的高的垂足,点 N 在边 AC 上,满足 $CN = \frac{1}{2}BC$. 求 $\angle AMN$ 的度数.

解 设 S 为 C 关于 N 的反射点,T 为 BC 的中点,经过 A 且与 BS 平行的直线与 BC 相交于 F.

注意到 $\triangle CNT$ 是等腰三角形,顶角为 $\angle C$,$\triangle AFC$ 和 $\triangle BSC$ 均与 $\triangle CNT$ 位似,因此也是等腰三角形. AB 关于顶角 $\angle C$ 的平分线的反射为线段 FS,因此 AB,FS,$\angle C$ 的平分线共点,记为 K.

进一步,根据对称性有 $\angle KFB = \angle KAC = 20°$,于是 $\angle FKB = \angle KBC - \angle KFB = 60°$. 由对称性,$\angle CKB = \angle CKS = 60°$. 设 Y 是 K 关于 M 的反射点,则 $\triangle KYC$ 是等边三角形,所以 $\angle AYC = 60°$. 于是有

$$\angle FKB = 60° \Rightarrow \angle AKS = 60°, \qquad \angle AYC = 60° \Rightarrow YC /\!/ KS$$

又 M 和 N 分别为 KY 和 SC 的中点,因此 $MN /\!/ KS$,$\angle AMN = \angle AKS = 60°$. □

8. 证明:每个非负整数都可以写成 $a^2 + b^2 - c^2$ 的形式,其中 a, b, c 是正整数,满足 $a \leqslant b \leqslant c$.

证明 注意到

$$0=3^2+4^2-5^2,\ 1=1^2+1^2-1^2,\ 2=3^2+3^2-4^2$$

现在取 $a=3n+1,b=4n+2,c=5n+2$,其中 n 是非负整数,则有

$$a^2+b^2-c^2=(3n+1)^2+(4n+2)^2-(5n+2)^2=2n+1$$

于是所有的奇数都可以如此表示.

取 $a=3n-1,b=4n+1,c=5n$,其中 n 是正整数,则有

$$a^2+b^2-c^2=(3n-1)^2+(4n+1)^2-(5n)^2=2n+2$$

于是所有大于 2 的偶数都可以如此表示.

因此所有的非负整数都可以如此表示. □

9. 设 $x_n=\sqrt{n+\sqrt{n^2-1}},n\geqslant 1$. 将 $\frac{1}{x_1}+\frac{1}{x_2}+\cdots+\frac{1}{x_{49}}$ 写成 $a+b\sqrt{2}$ 的形式,其中 a 和 b 是整数.

解 注意到

$$\begin{aligned} n+\sqrt{n^2-1} &= \frac{n-1}{2}+\frac{n+1}{2}+2\sqrt{\frac{n-1}{2}\cdot\frac{n+1}{2}} \\ &= \left(\sqrt{\frac{n-1}{2}}+\sqrt{\frac{n+1}{2}}\right)^2 \end{aligned}$$

因此

$$x_n=\sqrt{n+\sqrt{n^2-1}}=\sqrt{\frac{n-1}{2}}+\sqrt{\frac{n+1}{2}}=\frac{\sqrt{n+1}+\sqrt{n-1}}{\sqrt{2}}$$

即

$$\frac{1}{x_n}=\frac{\sqrt{2}}{\sqrt{n+1}+\sqrt{n-1}}=\frac{\sqrt{n+1}-\sqrt{n-1}}{\sqrt{2}}$$

得出

$$\begin{aligned} \frac{1}{x_1}+\cdots+\frac{1}{x_{49}} &= \frac{1}{\sqrt{2}}(\sqrt{2}-\sqrt{0}+\sqrt{3}-\sqrt{1}+\cdots+\sqrt{50}-\sqrt{48}) \\ &= \frac{1}{\sqrt{2}}(\sqrt{50}+\sqrt{49}-1) \\ &= 5+3\sqrt{2} \end{aligned}$$

□

10. 加法算式

$$
\begin{array}{r}
\mathrm{A\,W\,E\,S\,O\,M\,E} \\
\mathrm{S\,U\,M\,M\,E\,R} \\
+\quad \mathrm{P\,R\,O\,G\,R\,A\,M} \\
\hline
\end{array}
$$

的结果为一个 7 位数,并且其所有的数码都相同. 算式中的不同字母代表不同数字,解答是唯一的. 求 SUMMER 所表示的数.

解 唯一的解是

$$5\ 794\ 839 + 413\ 396 + 2\ 680\ 653 = 8\ 888\ 888$$

所以 SUMMER= 413 396. □

2007 年入学测试题解答

测试题 A

1. 在一个幻方中，每行、每列、每条对角线上的数的和都相同. 图 1 给出了一个幻方的 4 个位置上的数，问 x 是多少？

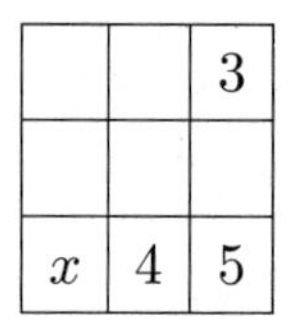

图 1

解 用矩阵表示幻方

$$\begin{pmatrix} a & b & c \\ d & e & f \\ g & h & i \end{pmatrix}$$

则有

$$\begin{aligned} a+b+c &= d+e+f = g+h+i = a+d+g = b+e+h \\ &= c+f+i = a+e+i = c+e+g \end{aligned}$$

以及 $c=3, g=x, h=4, i=5$. 设 $S=a+b+c$，幻方中心的数 $e=S-3-x$，又因为 $x=S-4-5=S-9$，所以 $e=6$. 由于 $S=x+9$，因此 $f=x+1$，$b=x-1$，得到矩阵

$$\begin{pmatrix} a & x-1 & 3 \\ d & 6 & x+1 \\ x & 4 & 5 \end{pmatrix}$$

现在 $a=S-(x-1)-3=S-(S-10)-3=7, d=S-6-(S-8)=2$，因此得

到

$$\begin{pmatrix} 7 & x-1 & 3 \\ 2 & 6 & x+1 \\ x & 4 & 5 \end{pmatrix}$$

现在其中一条对角线上的元素都已知,因此 $S = 7+6+5 = 18$,解得 $x = 18-9 = 9$. 最终的幻方为

$$\begin{pmatrix} 7 & 8 & 3 \\ 2 & 6 & 10 \\ 9 & 4 & 5 \end{pmatrix}$$

可以验证,每行、每列、每条对角线上的元素之和都为 18. * □

2. 求最小的正整数,其数码的乘积为 10!.

解 注意到

$$10! = 10 \times 9 \times 8 \times 7 \times 6 \times 5 \times 4 \times 3 \times 2 = 3\ 628\ 800$$

为了得到最小的正整数,我们首先需要尽量使用最少的数字.如果每次从乘积 $10 \times 9 \times 8 \times 7 \times 6 \times 5 \times 4 \times 3 \times 2$ 中取出尽可能大的小于 10 的因子,那么最终可以得到最小的数字. 先可以取出两个 9,然后得到 $10 \times 8 \times 7 \times 2 \times 5 \times 4 \times 2$. 现在无法再取出 9,可以取出两个 8,如此继续,还能得到一个 7,两个 5,一个 4. 于是最少得到 8 个数字.

注意到我们无法通过调整数字得到另外 8 个能给出同样乘积的数字,因此只需将这 8 个数字从小到大排列,即可得到数码的乘积为 10! 的最小的正整数,为 45 578 899. □

3. 设 $d_1, d_2, \cdots, d_6$ 是两两不同的十进制数字,并且均不等于 6. 证明

$$d_1 + d_2 + \cdots + d_6 = 36$$

当且仅当

$$(d_1 - 6)(d_2 - 6) \cdots (d_6 - 6) = -36$$

证明 先证明必要性. 设 $d_1, \cdots, d_6$ 是不等于 6 的不同的十进制数字,和为 36. 从 $\{0, 1, \cdots, 9\}$ 中去掉 6 后,最大的 6 个数字之和为

$$3 + 4 + 5 + 7 + 8 + 9 = 36$$

*如果用幻方的两条对角线与中间一列之和减去第一行和第三行之和,可以得到中心元素的 3 倍总是等于 S. 于是马上得到 $x = 3 \times 6 - 4 - 5 = 9$. ——译者注

因此 $d_1,\cdots,d_6$ 必然是 $3,4,5,7,8,9$ 的一个排列. 于是

$$(d_1-6)(d_2-6)(d_3-6)(d_4-6)(d_5-6)(d_6-6)=-36$$

现在证明充分性. 设 $d_1,\cdots,d_6$ 满足上面的乘积式. 若数码 $x\neq 6$，则 $x-6$ 的取值范围为

$$\{-6,-5,\cdots,-1,1,2,3\}$$

其中绝对值最小的 6 个数的乘积为

$$(-3)\times(-2)\times(-1)\times 1\times 2\times 3=-36$$

因此当 $(d_1-6)(d_2-6)\cdots(d_6-6)=-36$ 时，必有

$$\{d_1,\cdots,d_6\}=\{3,4,5,7,8,9\}$$

于是 $d_1+d_2+\cdots+d_6=36$. □

4. 在标准的 8×8 国际象棋棋盘(间隔染成黑白两色)中，有 64 个单位方格，49 个 2×2 正方形，等等. 有多少个正方形中的黑色方格的个数超过一半？

解 对于 $i=1,2,\cdots,8$，$i\times i$ 正方形的个数为 $(9-i)^2$，因此正方形的总数为

$$64+49+36+25+16+9+4+1=204$$

若正方形的边长为偶数，则其中黑格和白格的个数相同；若正方形的边长为奇数，则黑格和白格的个数不同. 棋盘关于最大正方形的对边中点连线反射对称，而且在这个反射下，对称方格的颜色不同. 于是这个对称将黑格更多的正方形对应于白格更多的正方形. 因此黑格更多的正方形的个数是边长为奇数的正方形的个数的一半，即

$$\frac{1}{2}(64+36+16+4)=60$$

□

5. 在一次国际象棋循环赛中，有 5 位参赛者在各参加了 2 场比赛后退出. 如果总共进行了 100 场比赛，那么最初的参赛人数是多少？

解 设 n 是一直坚持到最后结束的选手人数，这些选手之间的比赛场数是 $\binom{n}{2}$.

比赛总数是 100，而且有 5 名选手在各赛过 2 场之后离开，设这 5 名选手参加过的比赛总数为 t. 由于有些比赛可能是在这 5 名选手之间进行，将这样的比赛看作两个选手都比赛了一场，因此 $5\leqslant t\leqslant 10$. 若 5 名选手都和坚持到最后的选手

比赛过,则 t 取到最大值;若 5 名选手所参加的比赛都是他们之间的比赛,则 t 取到最小值. 现在有

$$\frac{(n-1)n}{2}=100-t \Rightarrow 90 \leqslant \frac{(n-1)n}{2} \leqslant 95$$

在这个范围内的三角形数只有 $91=\frac{13\times 14}{2}$. 因此 $n=14$ 是坚持到最后的选手人数,选手总数为 19. □

6. 求所有的正整数四元组 (x,y,z,w),满足

$$x^2+y^2+z^2+w^2=3(x+y+z+w)$$

解 配方得到

$$\left(x-\frac{3}{2}\right)^2+\left(y-\frac{3}{2}\right)^2+\left(z-\frac{3}{2}\right)^2+\left(w-\frac{3}{2}\right)^2=4\times\frac{9}{4}$$

两边乘以 4 得到

$$(2x-3)^2+(2y-3)^2+(2z-3)^2+(2w-3)^2=36$$

4 个完全平方数都是奇数. 注意到有 2 种方法能够将 36 写成 4 个奇数的平方和,即

$$1+1+9+25=36,\ 9+9+9+9=36$$

因此 (x,y,z,w) 为

$$(1,1,3,4),\ (2,2,3,4),\ (1,2,3,4),\ (3,3,3,3)$$

或其任意排列. □

7. 考虑 $\triangle ABC$,以及在其外部作出的等边 $\triangle BCX$,等边 $\triangle CAY$,等边 $\triangle ABZ$. 证明:AX,BY,CZ 共点.

证明 利用正弦定理,得到

$$\frac{BX}{\sin\angle BAX}=\frac{AX}{\sin\angle ABX},\ \frac{CX}{\sin\angle CAX}=\frac{AX}{\sin\angle ACX}$$

记 $\triangle ABC$ 的 3 个内角为 α,β,γ,则有

$$\angle ABX=60^\circ+\beta,\ \angle ACX=60^\circ+\gamma$$

因此

$$\frac{BX}{\sin\angle BAX}=\frac{AX}{\sin(60^\circ+\beta)},\ \frac{CX}{\sin\angle CAX}=\frac{AX}{\sin(60^\circ+\gamma)}$$

于是

$$\frac{\sin\angle BAX}{\sin\angle CAX}=\frac{\sin(60^\circ+\beta)}{\sin(60^\circ+\gamma)}$$

类似地,有

$$\frac{\sin\angle ACZ}{\sin\angle BCZ}=\frac{\sin(60^\circ+\alpha)}{\sin(60^\circ+\beta)},\ \frac{\sin\angle CBY}{\sin\angle ABY}=\frac{\sin(60^\circ+\gamma)}{\sin(60^\circ+\alpha)}$$

利用三角形式的塞瓦逆定理,得到

$$\begin{aligned}&\frac{\sin\angle BAX}{\sin\angle CAX}\cdot\frac{\sin\angle ACZ}{\sin\angle BCZ}\cdot\frac{\sin\angle CBY}{\sin\angle ABY}\\=&\frac{\sin(60^\circ+\beta)}{\sin(60^\circ+\gamma)}\cdot\frac{\sin(60^\circ+\alpha)}{\sin(60^\circ+\beta)}\cdot\frac{\sin(60^\circ+\gamma)}{\sin(60^\circ+\alpha)}=1\end{aligned}$$

因此 3 条直线 AX,BY,CZ 共点. □

8. 考察 2006 年“奇妙的数学”暑期课程的参加者的平均年龄发现:如果有额外 3 个 18 岁的学生参加或者 3 个 12 岁的学生退出,那么所有人的平均年龄会增加 1 个月. 求参加暑期课程的总人数.

解 设参加暑期课程的总人数为 n,这 n 个人的年龄总和为 k. 于是平均年龄为 $\frac{k}{n}$,平均年龄增加 1 个月后等于 $\frac{k}{n}+\frac{1}{12}$. 根据所给信息,可以列出方程

$$\frac{k-12\times 3}{n-3}=\frac{k}{n}+\frac{1}{12} \tag{1}$$

$$\frac{k+18\times 3}{n+3}=\frac{k}{n}+\frac{1}{12}$$

我们先求解

$$\frac{k-12\times 3}{n-3}=\frac{k+18\times 3}{n+3}$$

$$(k-36)(n+3)=(k+54)(n-3)$$

$$nk-36n+3k-108=nk+54n-3k-162$$

$$6k=90n-54,\ k=15n-9$$

将 k 的值代入到式 (1),得到

$$\frac{15n-9-36}{n-3}=\frac{15n-9}{n}+\frac{1}{12}$$

$$15=15-\frac{9}{n}+\frac{1}{12}\ \Rightarrow\ \frac{9}{n}=\frac{1}{12}\ \Rightarrow\ n=108$$

因此参加 2006 年“奇妙的数学”暑期课程的总人数为 108. □

9. 求最小的正整数 n,使得集合 $\{1,2,\cdots,2\,007\}$ 的任意 n 元子集包含 2 个元素(可以相同),它们的和为 2 的幂.

解 我们证明 $n=1\,002$.

我们首先证明:若 $n<1\,002$,则条件无法满足. 设

$$A=\{1\,025,1\,026,\cdots,2\,007\},\ B=\{33,34,\cdots,40\}$$

$$C=\{17,18,\cdots,23\},\ D=\{5,6,7\}$$

则 $|A|=2\,007-1\,025+1=983$,$|B|=40-33+1=8$,$|C|=23-17+1=7$,$|D|=7-5+1=3$. 设 $S=A\cup B\cup C\cup D$,则 $|S|=983+8+7+3=1\,001$. 若 $n\leqslant 1\,001$,则 S 的任意 n 元子集都不包含和为 2 的幂的数(A 中的任意数和 B,C,D 中的任意数之和在区间 $[1\,025,2\,047]$ 中;B 中的任意数和 C,D 中的任意数之和在区间 $[33,63]$ 中;等等).

要证当 $n=1\,002$ 时命题成立,我们将 $\{1,2,\cdots,2\,007\}$ 分成 1 001 个二元子集

$$\{1,7\},\ \{2,6\},\ \{3,5\}$$

$$\{9,23\},\ \{10,22\},\ \cdots,\ \{15,17\}$$

$$\{24,40\},\ \{25,39\},\ \cdots,\ \{31,33\}$$

$$\{41,2\,007\},\ \{42,2\,006\},\ \cdots,\ \{1\,023,1\,025\}$$

以及一个五元子集

$$\{4,8,16,32,1\,024\}$$

这个五元集的元素都是 2 的幂. 若所取的子集包含这个五元子集中的元素,例如 2^x,则 $2^x+2^x=2^{x+1}$ 为 2 的幂. 若所取子集不包含这个五元集中的元素,则根据抽屉原则,这个子集包含上述 1 001 个二元子集其中一个的 2 个元素,这 2 个元素的和为 2 的幂. □

10. 设 I 是 $\triangle ABC$ 的内心,经过 I 且与 AI 垂直的直线交 BC 于 A'. 类似地定义点 B' 和 C'. 证明:A',B',C' 共线,并且这条直线垂直于 OI,其中 O 是 $\triangle ABC$ 的外心.

证明 不妨设 B 在 A' 和 C 之间. 设 $\angle BAC=\alpha$,$\angle ABC=\beta$,$\angle ACB=\gamma$,则有

$$\angle AIB=180^\circ-\frac{\alpha}{2}-\frac{\beta}{2}=90^\circ+\frac{\gamma}{2}$$

于是

$$\angle A'IB=\angle AIB-\angle AIA'=\frac{\gamma}{2}$$

然后得到 $\angle A'IB=\angle ICB$,$\triangle A'IB\backsim\triangle A'CI$. 因此有

$$A'I^2=A'B\cdot A'C$$

设 k 是 $\triangle ABC$ 的外接圆,且圆心为 O,p 是圆心为 I、半径为 0 的圆. 于是点 A' 关于圆 k 的幂等于 $A'B\cdot A'C$,点 A' 关于圆 p 的幂等于 $A'I^2$. 因此 A' 关于 2 个圆 k 和 p 的幂相同,于是 A' 在这 2 个圆的根轴上. 类似地,B' 和 C' 也在这条根轴上.

因此 3 个点 A',B',C' 共线. 这条直线(根轴)显然垂直于 2 个圆 k 和 p 的圆心的连线,即 OI. □

测试题 B

1. 一个梯子靠在一面垂直的墙上,梯子顶部距离地面 24 ft(1 ft = 0.304 8 m),如果将梯子的底部向远离于墙的方向移动 8 ft,那么梯子的顶部滑动到距离地面 20 ft 高的位置. 求梯子的长度.

解 设 l 为梯子的长度,x 是开始时梯子底部到墙的距离. 那么有

$$l^2=x^2+24^2,\quad l^2=(x+8)^2+20^2$$

于是得到

$$x^2+576=x^2+16x+64+400$$

解得 $x=\frac{112}{16}=7$,然后有 $l=\sqrt{7^2+24^2}=25$. □

2. 求最大的正整数 n,使得 $n!$ 的末尾恰好有 33 个零.

解 注意到 $139!$ 的末尾恰好有 33 个零. 实际上,$n!$ 的末尾的零的个数等于整除 $n!$ 的 5 的最高幂次. 于是根据勒让德公式,有

$$\left\lfloor\frac{139}{5}\right\rfloor+\left\lfloor\frac{139}{25}\right\rfloor+\left\lfloor\frac{139}{125}\right\rfloor=27+5+1=33$$

因为 $10\mid 140$,所以 $140!$ 的末尾的零的个数超过 33(显然,当 n 超过 140 时,$n!$ 的末尾的零的个数也超过 33). 因此满足题目条件的最大的 n 为 139. □

3. 求不全等的三角形的个数,其三边长为互不相等的整数,并且最长边的长度为 13.

解 设边长为 a,b,c，且 $a<b<c=13$. 根据三角不等式，有 $8\leqslant b\leqslant 12$，并且 $c-b<a<b$. 当 b 减少 1 时，a 的范围减少 2. 若 $b=12$，则有 $2\leqslant a\leqslant 11$，因此所求的三角形的个数为 $10+8+6+4+2=30$. □

4. 要将 8×8 的棋盘用 16 个 4×1 的矩形块覆盖，有多少种方法？图 2 所示的是其中的 3 种.

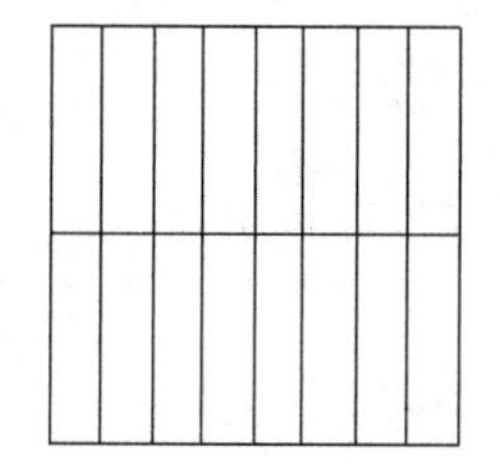
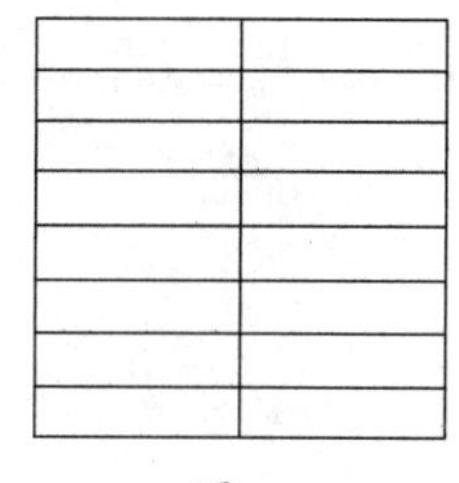
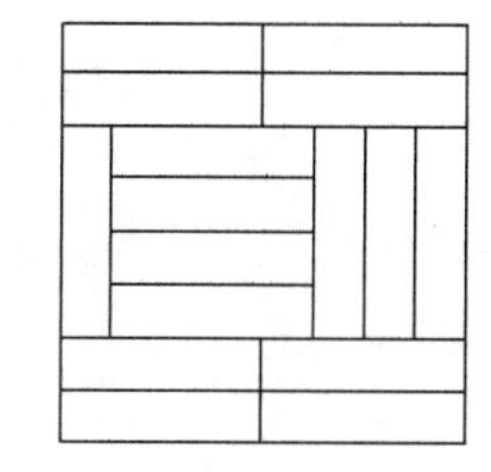

图 2

解 棋盘有 8 行 8 列. 每行或者包含 2 个水平的矩形块，或者 1 个水平的矩形块和 4 个竖直的矩形块，或者 8 个竖直的矩形块. 由于每个竖直的矩形块总是覆盖第 1 行或者第 5 行中的 1 个格，因此只看这 2 行，可以知道竖直的矩形块的个数总是 0,4,8,12,16 之一. 如果有 0 个竖直的矩形块，那么只有 1 种覆盖方法.

如果有 4 个竖直的矩形块，那么这 4 个块必然位于同样的某连续的 4 行上. 在这 4 行上，4 个水平的矩形块覆盖了 1 个 4×4 的正方形，其他列被 4 个竖直的矩形块覆盖. 选择连续的 4 行以及连续的 4 列各有 5 种方法，因此共有 $5\times 5=25$ 种方法来使用 4 个竖直的矩形块覆盖.

如果有 8 个竖直的矩形块，那么也有 8 个水平的矩形块，此时有 2 种情况：

(i) 8 个竖直的矩形块构成 2 个 4×4 正方形，1 个在前 4 列，1 个在后 4 列.

(ii) 8 个水平的矩形块构成 2 个 4×4 正方形，1 个在前 4 行，1 个在后 4 行.

情况 (i) 中，在前 4 列选择 1 个正方形有 5 种方法，在后 4 列选择 1 个正方形也有 5 种方法，因此情况 (i) 共有 25 种结果. 同理，情况 (ii) 也有 25 种结果. 2 种情况的共有部分被重复计算，此时 8×8 的棋盘被分成 4 个 4×4 的正方形，对角的正方形同时被竖直的矩形块或者同时被水平的矩形块覆盖，共有 2 种重复的结果. 因此 8 个竖直的矩形块的情况共有 48 种.

如果有 12 或 16 个竖直的矩形块，那么水平的矩形块分别有 4 和 0 个，将棋盘旋转 90° 考虑，就可以应用上面的结论.

综上所述，覆盖的方法共有 $1+25+48+25+1=100$ 种. □

5. 若直角三角形的边长都是整数，则称其为“勾股三角形”. 某勾股三角形的一条边长为 2 007，求它的周长的最大可能值.

解 由于 $2\ 007 \equiv 3 \pmod 4$,因此 2 007 不能是两个完全平方数之和,于是它是其中一条直角边的长度. 回忆勾股三角形的三边长分别具有形式*

$$k(m^2-n^2),\ 2kmn,\ k(m^2+n^2)$$

其中 k,m,n 为正整数. 因此

$$2\ 007 = k(m^2-n^2) = k(m-n)(m+n)$$

三角形的周长为

$$k(m^2-n^2)+2kmn+k(m^2+n^2) = 2\ 007 + k(m+n)^2$$

因为

$$\frac{k(m+n)^2}{2\ 007} = \frac{k(m+n)^2}{k(m^2-n^2)} = \frac{m+n}{m-n} \leqslant k(m^2-n^2) = 2\ 007$$

所以 $k(m+n)^2 \leqslant 2\ 007^2$,等号在 $m=1\ 004, n=1\ 003, k=1$ 时成立. 因此三角形的周长的最大值为 $2\ 007^2+2\ 007 = 2\ 007\times 2\ 008 = 4\ 030\ 056$. □

6. 设 a,b,c 为不同的素数,满足 $a+b+c, -a+b+c, a-b+c, a+b-c$ 都是素数. 已知 $b+c=200$,求 a.

解 注意到 $b+c \equiv 2 \pmod 3$. 若 $b \equiv 0 \pmod 3$,则 $b=3$,于是两个不同的素数 $-a+b+c$ 和 $a+b-c$ 相加等于 6,不可能成立,因此 $3 \nmid b$. 同理得到 $3 \nmid c$. 因此必然有 $b \equiv 1 \pmod 3$, $c \equiv 1 \pmod 3$.

不难发现 $a+b+c, -a+b+c, a-b+c, a+b-c$ 和 a,b,c 均不同. 和上面的原因一样,必然有 $a \not\equiv 0 \pmod 3$. 若 $a \equiv 1 \pmod 3$,则 $a+b+c \equiv 1+1+1 \equiv 0 \pmod 3$,于是三个素数 a,b,c 的和为 3,不可能. 于是 $a \equiv 2 \pmod 3$, $-a+b+c \equiv 0 \pmod 3$. 因此 $-a+b+c=3$,得出 $a=200-3=197$.

若取 $b=7, c=193$,则 7 个素数为 3, 7, 11, 193, 197, 383, 397 满足要求. 还可以取 $b=43, c=157$,得到 7 个素数为 3, 43, 83, 157, 197, 311, 397. □

7. 将一个立方体的所有面都染成 6 种颜色之一,使得任意 2 个相邻的面的颜色不同. 2 种染色方案如果只是相差立方体的一个旋转,那么认为是相同的方案. 有多少种不同的染色方案?

---

*英文原版中的解答这里假定了三边长互素,现已改正. ——译者注

解 答案是 230.

如果只使用 3 种颜色，那么每种颜色必然出现于相对的面. 有 $\binom{6}{3}=20$ 种方法选择颜色，然后这 3 种颜色的不同的染色方式都是旋转等价的.

如果使用 4 种颜色，那么其中 2 种颜色分别出现于 2 组相对的面，2 种染了 2 个面的颜色有 $\binom{6}{2}=15$ 种选择方法，另外 2 种颜色有 $\binom{4}{2}=6$ 种选择方法，选择了颜色以后，所有染色方式旋转等价. 于是这种情况下的染色方案有 $15\times 6=90$ 种.

如果使用 5 种颜色，那么有一种颜色出现于相对的 2 个面. 这个颜色的选择有 6 种方法. 其余 4 种颜色的选择有 $\binom{5}{4}=5$ 种方法. 将这 4 种颜色分成 2 对有 3 种方法，配对的颜色染于相对的面，各种方式旋转等价. 于是这种情况下的染色方案有 $6\times 5\times 3=90$ 种.

最后，如果使用了 6 种颜色，那么将它们分成 3 对有 $5\times 3=15$ 种方法. 每一对染于相对的 2 个面. 其中染最后一对的时候有 2 种不同的方式. 这种情况下的染色方案有 $15\times 2=30$ 种.

所有的染色方案有 $20+90+90+30=230$ 种. □

8. 对每个正整数 n，设

$$a_n=\frac{n^3}{n^2-15n+75}$$

证明：$a_1+a_2+\cdots+a_{15}$ 是整数，不直接代入计算，求出这个数的值.

解 注意到分母 $-n(15-n)+75$ 在变量替换 $n\to 15-n$ 下不变. 定义 $a_0=0$，于是对 $n=0,1,\cdots,7$，有

$$\begin{aligned}a_n+a_{15-n} &= \frac{n^3+(15-n)^3}{n^2-15n+75}\\ &= \frac{15^3-3\times 15^2\cdot n+3\times 15\cdot n^2}{n^2-15n+75}\\ &= \frac{45(n^2-15n+75)}{n^2-15n+75}\\ &= 45\end{aligned}$$

将 8 个这样的等式相加得到

$$a_1+a_2+\cdots+a_{15}=8\times 45=360$$

□

9. 求所有的整数对 (x,y)，满足

$$xy+\frac{x^3+y^3}{3}=2\ 007$$

解 将方程的两边同时乘以 3 再加上 -1,得到

$$x^3+y^3-1+3xy=6\ 020$$

利用恒等式

$$a^3+b^3+c^3-3abc=(a+b+c)(a^2+b^2+c^2-ab-bc-ca)$$

其中 $a=x,b=y,c=-1$,得到

$$(x+y-1)(x^2+y^2+1+x+y-xy)=2^2\times5\times7\times43 \tag{1}$$

由于上式左端第二个因子非负,因此 $x+y-1\geqslant0$. 观察不等式

$$\begin{aligned}&x^2+y^2+1+x+y-xy>x+y-1 \qquad (2)\\ \Leftrightarrow\ &x^2-xy+y^2>-2\\ \Leftarrow\ &x^2-xy+y^2=\left(x-\frac{y}{2}\right)^2+\frac{3}{4}y^2\geqslant0\end{aligned}$$

所以式 (2) 成立。因此式 (1) 左端的第二个因子大于左端的第一个因子，于是在 6 020 的 24 个正因子中,只有开始的 12 个可以是 $(x+y-1)$.

进一步,$6\ 020\equiv2\pmod 3$,考虑方程模 3 的同余方程,发现仅当 $x+y-1\equiv2\pmod 3$ 时方程有整数解. 于是 $x+y-1$ 的可能值只有 5 个,即 2,5,14,20,35.

分别代入发现，只有 $x+y-1=20$ 能得到整数解 (x,y)，为 $(3,18)$ 和 $(18,3)$. □

10. *在 $\triangle ABC$ 上向外作等边 $\triangle BCA_1$,等边 $\triangle CAB_1$,等边 $\triangle ABC_1$. 设 X,Y,Z 分别是 $\triangle BCA_1,\triangle CAB_1,\triangle ABC_1$ 的中心. 证明:$\triangle XYZ$ 也是等边三角形.*

证明 注意到

$$\angle YAZ=\angle YAC+\angle BAC+\angle ZAB=60^\circ+\angle A$$

在 $\triangle YAZ$ 中应用余弦定理,得到

$$YZ^2=AY^2+AZ^2-2AZ\cdot AY\cos(60^\circ+A)$$

显然 $AY=\frac{b}{\sqrt3},AZ=\frac{c}{\sqrt3}$,因此

$$3YZ^2=b^2+c^2-2bc\cos(60^\circ+A)$$

利用公式 $\cos(60^\circ + A) = \frac{1}{2}\cos A - \frac{\sqrt{3}}{2}\sin A$,得到

$$3YZ^2 = b^2 + c^2 - bc\cos A + \sqrt{3}bc \cdot \sin A \tag{1}$$

接下来在 $\triangle ABC$ 中应用余弦定理得到

$$2bc\cos A = b^2 + c^2 - a^2 \tag{2}$$

将式 (2) 代入式 (1) 得到

$$3YZ^2 = \frac{1}{2}(a^2 + b^2 + c^2) + 2\sqrt{3} \cdot S_{\triangle ABC}$$

因此 XY, YZ, XY 是 a, b, c 的对称式,说明 $\triangle XYZ$ 是等边三角形. □

测试题 C

1. 求所有的整数 n,使得 $4n+9$ 和 $9n+1$ 都是完全平方数.

解 设 $4n+9 = a^2$,$9n+1 = b^2$,其中 a,b 为非负整数,则 $9a^2 - 4b^2 = 9(4n+9) - 4(9n+1) = 77$,因式分解得到

$$(3a-2b)(3a+2b) = 7 \times 11 = 1 \times 77$$

由于 $3a - 2b \leqslant 3a + 2b$,因此只需考虑

$$\begin{cases} 3a - 2b = 1 \\ 3a + 2b = 77 \end{cases}, \quad \begin{cases} 3a - 2b = 7 \\ 3a + 2b = 11 \end{cases}$$

解方程组,得到 (a, b) 为 $(13, 19)$ 或 $(3, 1)$,分别得到 $n = 0$ 或 $n = 40$,显然均满足要求. □

2. 一个电子钟上的时间显示范围为 00:00:00 到 23:59:59. 在 24 小时之中,有多少次这个电子钟恰好显示出 4 个 4?

解 注意到第 1 个位置只会显示出 0,1,2 三个数字,因此 4 个 4 出现在后 5 个位置. 有 3 种情况:

(i) 4 没有出现在第 2 个位置,于是后 4 个位置都是 4,共有 $24 - 2 = 22$ 种可能.

(ii) 4 没有出现在第 3 或 5 位,于是第 1 位只能取 $\{0, 1\}$,第 2,4,6 位取 4,第 3,5 位一个取 4,另一个取 $\{0, 1, 2, 3, 5\}$,共有 $2 \times 2 \times 5 = 20$ 种可能.

(iii) 4 没有出现在第 4 或 6 位，于是第 1 位取 $\{0,1\}$，第 2,3,5 位取 4，第 4,6 位一个取 $\{0,1,2,3,5,6,7,8,9\}$，另一个取 4，共有 $2\times2\times9=36$ 种可能.

因此一共有 $22+20+36=78$ 次电子钟恰好显示 4 个 4. □

3. 设 $s_1,s_2,\cdots,s_{25}$ 是连续的 25 个整数的平方. 证明

$$\frac{s_1+s_2+\cdots+s_{25}}{25}-52$$

是完全平方数.

证明 设 $s_1=n^2,s_2=(n+1)^2,\cdots,s_{25}=(n+24)^2$，则

$$\begin{aligned}\frac{s_1+s_2+\cdots+s_{25}}{25}-52 &= \frac{n^2+(n+1)^2+\cdots+(n+24)^2}{25}-52\\ &= \frac{25n^2+24\times25n+\frac{1}{6}\times24\times25\times49}{25}-52\\ &= n^2+24n+196-52\\ &= (n+12)^2\end{aligned}$$

证明完成. □

4. 设四边形 $ABCD$ 内接于圆，P 是对角线的交点，A_1,B_1,C_1,D_1 分别是 P 在四边形的四条边上的投影. 证明：四边形 $A_1B_1C_1D_1$ 有内切圆.

证明 不妨设 $A_1\in AB,B_1\in BC,C_1\in CD,D_1\in DA$.

注意到四边形 AA_1PD_1 和 A_1BB_1P 内接于圆. 因此 $\angle D_1AP=\angle D_1A_1P$，$\angle B_1BP=\angle B_1A_1P$. 而且由于 $ABCD$ 内接于圆，因此 $\angle D_1AP=\angle DAC=\angle DBC=\angle PBB_1$. 于是 $\angle D_1A_1P=\angle B_1A_1P$，$A_1P$ 是 $\angle D_1A_1B_1$ 的平分线.

类似地，B_1P,C_1P,D_1P 分别是相应的角平分线. 由于角平分线是到两条边距离相等的点的轨迹，因此 P 到四边形 $A_1B_1C_1D_1$ 的四条边的距离都相等. 于是以 P 为圆心，这个距离为半径的圆内切于四边形 $A_1B_1C_1D_1$，这样就完成了证明. □

5. 求所有满足方程组

$$\begin{cases}xy+z=100\\ x+yz=101\end{cases}$$

的整数三元组 (x,y,z).

解 将两个方程相减，并因式分解得到 $(z-x)(y-1)=1$，于是有两个可能

$$\begin{cases} z-x=1 \\ y-1=1 \end{cases}, \quad \begin{cases} z-x=-1 \\ y-1=-1 \end{cases}$$

分别解出 $(x,y,z)=(33,2,34)$ 和 $(x,y,z)=(101,0,100)$. □

6. 设梯形 $ABCD$ 满足 $AB/\!/CD$, P 是对角线 AC 和 BD 的交点. 如果三角形的面积满足 $[PAB]=16,[PCD]=25$, 求 $[ABCD]$.

解 $\triangle ACD$ 和 $\triangle BCD$ 的底相同，且 $AB/\!/CD$，即两个三角形的高也相同，因此两个三角形的面积相同. 在两个三角形中同时去掉 $\triangle CPD$，得到 $[APD]=[BPC]$.

$\triangle APB$、$\triangle BPC$、$\triangle CPD$、$\triangle DPA$ 在点 P 处的角相等或互补，其正弦相同，因此根据三角形面积公式，有

$$\frac{[APB]}{AP\cdot BP}=\frac{[BPC]}{BP\cdot CP}=\frac{[CPD]}{CP\cdot DP}=\frac{[DPA]}{DP\cdot AP}$$

于是得到

$$[APB]\cdot[CPD]=[APD]\cdot[BPC]=[APD]^2$$

因此 $[APD]=\sqrt{[APB]\cdot[CPD]}=\sqrt{16\times 25}=20$，于是

$$[ABCD]=[APB]+[CPD]+[APD]+[BPC]=16+20+20+25=81$$

□

7. 一个电子黑板开始显示数 36. 每过一分钟，所显示的数都变成刚才的数乘以或者除以 2 或 3. 能否在经过一个小时以后，显示出数 12?

解 设 n 是所显示的数. 注意到可以将 n 写成 $n=2^a\times 3^b$，其中 $a,b\in\mathbb{Z}$. 注意到：经过偶数分钟，$a+b$ 的奇偶性不变. 在一开始，有 $36=2^2\times 3^2$，于是 $a+b=2+2=4$ 是偶数. 一个小时或者说 60 分钟之后，若得到 $12=2^2\times 3$，则 $a+b=2+1=3$ 为奇数，矛盾. 因此无法在恰好一小时之后显示出 12. □

8. 设 $\triangle ABC$ 是等边三角形，P 为外接圆上的劣弧 $\overset{\frown}{BC}$ 上的一点，A' 是 PA 和 BC 的交点. 证明

$$\frac{1}{PA'}=\frac{1}{PB}+\frac{1}{PC}$$

证明 由于 $\angle BPA = \angle CPA = 60°$，因此在 $\triangle BPC$ 中，PA' 是角平分线．设 $BC = a, PB = x, PC = y$．根据余弦定理，有

$$a^2 = x^2 + y^2 - 2xy\cos 120° = x^2 + y^2 + xy \tag{1}$$

在 $\triangle PBC$ 中应用斯图尔特定理，有

$$x^2 \cdot A'C + y^2 \cdot A'B - PA'^2 \cdot a = A'B \cdot A'C \cdot a$$

由于 $\frac{x}{y} = \frac{A'B}{A'C}$，因此得到 $A'B = \frac{ax}{x+y}$ 和 $A'C = \frac{ay}{x+y}$．于是有

$$x^2 \frac{ay}{x+y} + y^2 \frac{ax}{x+y} - PA'^2 \cdot a = \frac{ax}{x+y} \cdot \frac{ay}{x+y} \cdot a$$

然后得到

$$PA'^2 = xy\left(1 - \frac{a^2}{(x+y)^2}\right) \tag{2}$$

根据方程 (1) 和 (2) 得到

$$PA'^2 = xy \cdot \frac{xy}{(x+y)^2}$$

因此

$$\frac{1}{PA'} = \frac{x+y}{xy} = \frac{1}{x} + \frac{1}{y} = \frac{1}{PB} + \frac{1}{PC}$$

注 我们还可以在 $\triangle BPC$ 中利用 $\angle BPC = 120°$ 和正弦定理得到

$$\frac{A'C}{\sin\angle A'PC} = \frac{A'P}{\sin\angle A'CP}, \quad \frac{BC}{\sin\angle BPC} = \frac{BP}{\sin\angle BCP}$$

将两个式子左、右对应相除，利用 $\sin\angle A'PC = \sin\angle BPC$ 及 $A'C = BC \cdot \frac{y}{x+y}$，得到

$$\frac{BC \cdot \frac{y}{x+y}}{BC} = \frac{A'P}{x} \Rightarrow A'P = \frac{xy}{x+y}$$

□

9. 一个国际象棋棋盘上最多可以放多少只马(放在格子中)，使得它们两两不能互相攻击？

解 关键是考虑 2×4 的棋盘．可以将 8 个位置配成 4 对，每对位置放入马后会互相攻击．根据抽屉原则，在 2×4 的棋盘上最多能放入 4 只两两不能互相攻击的马．我们将整个棋盘分成 8 个 2×4 的棋盘，于是可得最多能放入 $8 \times 4 = 32$ 只两两不能互相攻击的马．

将所有的马都放入白格，可以保证它们无法互相攻击，因此 32 是最大值． □

10. 将 8×8 的正方形的一个角上的 1×1 的正方形去掉，并将剩下的部分分成一些全等的三角形，最少需要分成多少个三角形？

解 我们将证明最少需要分成 18 个三角形.

考虑去掉的单位正方形的两条在大正方形内部的边 a, b 以及顶点 $K = a\cap b$，如图 3(a) 所示. 设三角形 A 的边 c 包含 a 的一部分（必然有这样的三角形）. 若 c 不包含顶点 K，则 c 的长度最多为 1. 而三角形 A 中边 c 上的高不超过 7，因此三角形 A 的面积不超过 $\frac{1}{2}\times 7\times 1 = 3.5$. 若 c 包含 K，则包含 b 的一部分的三角形 B 的底边长不超过 1，类似得到三角形 B 的面积不超过 3.5. 由于三角形都全等，因此面积均不超过 3.5，总面积为 $64-1$，于是至少有 $63/3.5 = 18$ 个这样的三角形. 一种分法如图 3(b) 所示.

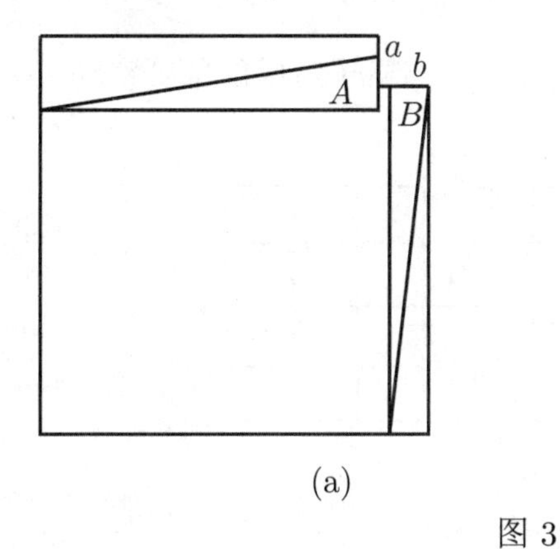

(a)

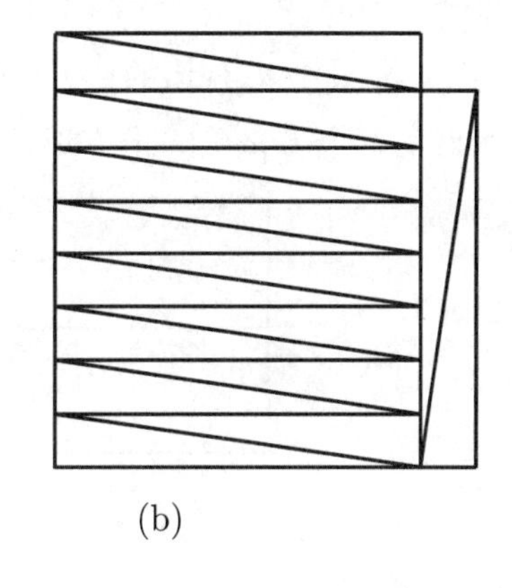
(b)

图 3

□

2008 年入学测试题解答

测试题 A

1. 将一个 4×9 的矩形分成两块,然后拼成一个正方形.

解 如果我们将图 1 中右边的由 18 个 1×1 的格子组成的部分移动,使 A 到达 B,那么就得到一个 6×6 的正方形.

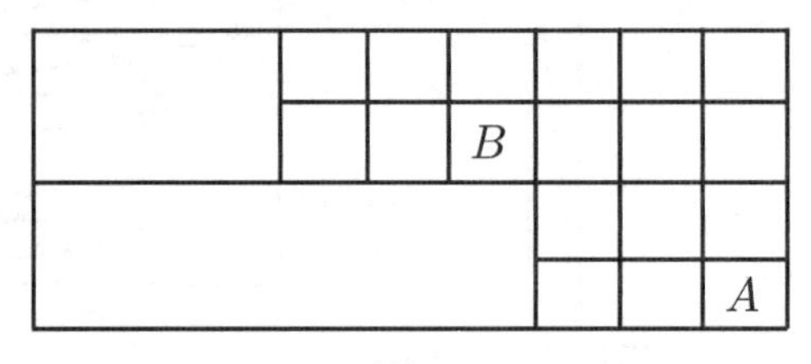

图 1

□

2. 求所有的素数 p,使得 $32p+1$ 是一个完全立方数.

解 若 $p=2$,则 $32p+1=65$,不是完全立方数. 若 $p=3$,则 $32p+1=97$,也不是完全立方数. 现在假设 $p>3$,并且存在正整数 n,使得 $32p+1=n^3$. 显然 $n\neq 1$,然后可以得到

$$(n-1)(n^2+n+1)=32p$$

若 $q>1$ 是素数,并且 $q\mid \gcd(n-1,n^2+n+1)$,则 $q^2\mid 32p, q\neq 3$. 进一步,由 $n-1\equiv 0 \pmod q$ 得出 $n\equiv 1 \pmod q$,于是 $n^2+n+1\equiv 3 \pmod q$,矛盾. 因此 $\gcd(n-1,n^2+n+1)=1$. 由于 $n>1$,因此我们得到下面的两个方程组

$$\begin{cases} n-1=p \\ n^2+n+1=32 \end{cases},\quad \begin{cases} n-1=32 \\ n^2+n+1=p \end{cases}$$

由第一个方程组得出 $n^2+n=31$,即 $n(n+1)=31$,左边应该是偶数,因此无解. 由第二个方程组得出 $n=33, p=1\ 123$,确实是素数. □

3. 是否可以将 $1,2,3,\cdots,16$ 排成一圈，使得任意两个相邻数之和为完全平方数？是否可以将其排成一行，使得任意两个相邻数之和为完全平方数？

解 注意到若 $a,b\in\{1,2,\cdots,16\}$，$a\neq b$，则 $3\leqslant a+b\leqslant 31$. 若 16 与 a 和 b 相邻，则 $a+16$ 和 $b+16$ 都是大于 16 且不超过 31 的完全平方数，只能是 25，于是 $a=b$，矛盾.

排成一行是可以办到的，例如

$$16,9,7,2,14,11,5,4,12,13,3,6,10,15,1,8$$

□

4. 求最小的正整数，它有多于 120 个因子，并且其中至少有 12 个是连续的正整数.

解 满足条件的最小的数能被连续的 12 个正整数整除，即能被 $1,2,3,\cdots,12$ 整除. 设这个数为 n，则 $n=2^3\times 3^2\times 5\times 7\times 11m$，其中 m 是正整数. 注意到 $2^4\times 3^2\times 5\times 7\times 11$ 恰好有 120 个因子. 接下来有两个数有 144 个因子，分别为 $2^5\times 3^2\times 5\times 7\times 11$ 和 $2^3\times 3^3\times 5\times 7\times 11$. 第二个数更小，因此 $n=2^3\times 3^3\times 5\times 7\times 11=83\,160$. □

5. 在图 2 的每个方格中放入 $1\sim 9$ 的不同数字，使得水平的五个方格中的数之和等于竖直的五个方格中的数之和，其中 3, 5, 7 的位置已知. 求黑色方格中的数的所有可能值.

图 2

解 设黑色方格中的数为 n，竖直方格中的另外两个未知数为 x,y，水平方格中的另外三个未知数为 a,b,c. 水平和竖直方格中的数之和为 $n+1+2+\cdots+9=n+45$. 于是每组中的数之和都为 $\frac{n+45}{2}$，说明 n 是奇数，于是 $n\in\{1,9\}$. 有两种情况：

(i) 若 $n=1$，则水平方格中的数之和为 23. 进一步有 $x+y=10$，$a+b+c=19$. 可以取 $\{x,y\}=\{6,4\}$，$\{a,b,c\}=\{2,8,9\}$.

(ii) 若 $n=9$，则水平方格中的数之和为 27. 进一步有 $x+y=6$，$a+b+c=15$. 可以取 $\{x,y\}=\{4,2\}$，$\{a,b,c\}=\{1,6,8\}$.

因此答案是 $n\in\{1,9\}$. □

6. 设实数 x,y,z 满足

$$6x-9y+7z=2,\ 7x+2y-6z=9$$

计算 $x^2-y^2+z^2$.

解 由题目中的方程可得

$$6x+7z=2+9y,\ 7x-6z=9-2y$$

因此

$$\begin{aligned}85(x^2+z^2) &= (6x+7z)^2+(7x-6z)^2\\ &= (2+9y)^2+(9-2y)^2\\ &= 85(y^2+1)\end{aligned}$$

于是得到 $x^2-y^2+z^2=1$. □

7. 求所有的整数对 (m,n)，满足 $3m+4n=5mn$.

解 注意到 $m(5n-3)=4n$，$n(5m-4)=3m$，于是

$$(5n-3)(5m-4)=12$$

由于 $5n-3\equiv 2 \pmod 5$，因此 $5n-3\in\{-3,2,12\}$. 于是

$$(m,n)\in\{(0,0),(2,1),(1,3)\}$$

□

8. 三个全等的圆有一个公共点 P，还相交于三个点 A,B,C. 证明：经过 A,B,C 的圆和这三个圆全等.

证明 我们将问题分成两种情况：

(i) 点 P 在 $\triangle ABC$ 内. 设 $\angle A_1 = \angle PAC$, $\angle B_1 = \angle PBC$. 由正弦定理,有

$$\frac{PC}{\sin B_1} = \frac{PC}{\sin A_1} = 2R$$

其中 R 为三个等圆的半径. 于是 $\sin A_1 = \sin B_1$. 由于 $\angle A_1 + \angle B_1 < 180^\circ$, 因此 $\angle A_1 = \angle B_1$. 于是得到图 3.

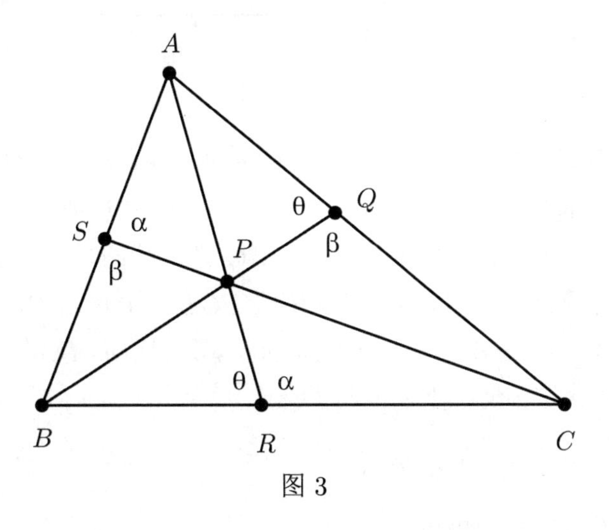

图 3

由于 $\angle A_1 = \angle B_1$,因此四边形 $AQRB$ 内接于圆. 同理可得,四边形 $BSQC$, $ASRC$ 内接于圆. 因此

$$\beta + \alpha = \beta + \theta = 180^\circ$$

于是 $\alpha = \theta$. 类似可得 $\alpha = \beta$. 因此 $\alpha = \beta = \theta = 90^\circ$. 这说明点 P 是 $\triangle ABC$ 的垂心. 其他的圆是 $\triangle ABC$ 的外接圆关于 AB, BC, CA 的反射. 因此它们都是全等的.

(ii) 点 P 在 $\triangle ABC$ 外部. 此时不妨设有图 4:*

*严格说,P 在 $\triangle ABC$ 外部还应该包括 $\triangle PBC$ 内部含点 A 的情况,或者类似的情况. 此时可以得到 $\angle PAB + \angle PCB = 180^\circ$, $\angle PAC + \angle PBC = 180^\circ$, $\angle PBA = \angle PCA$, A 是 $\triangle PBC$ 的垂心. 于是 P 是 $\triangle ABC$ 的垂心,和 (i) 的方法基本一致. ——译者注

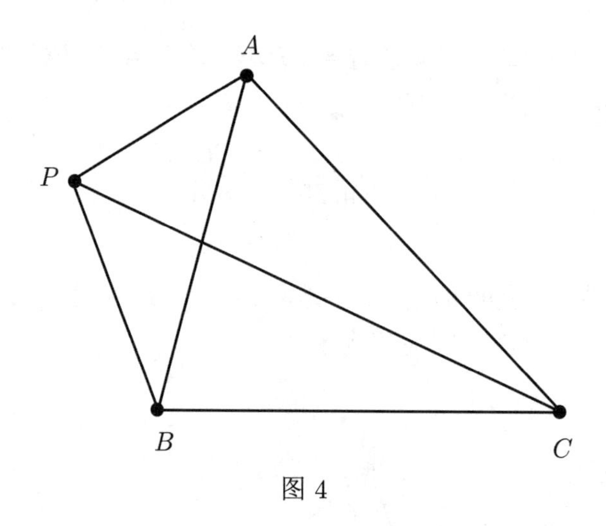

图 4

由上面同样的推理可得,$\sin\angle PAB=\sin\angle PCB$,$\sin\angle PBA=\sin\angle PCA$,因此对应的角相等或者互补.若 $\angle PAB=\angle PCB$ 或者 $\angle PBA=\angle PCA$,则 $PABC$ 是圆内接四边形,于是 $\triangle ABC$ 的外接圆与 $\triangle PAC$ 的外接圆(这是原始三个圆之一)全等.若 $\angle PAB+\angle PCB=180^\circ$,$\angle PBA+\angle PCA=180^\circ$,则 $\angle PAB+\angle PBA+\angle ABC=360^\circ$,和四边形 $PACB$ 的内角和为 360° 矛盾.因此这种情况下也证明了结论. □

9. 求 x^n 除以 x^2-x-1 的余式.

解 利用带余除法,我们可得

$$x^n=q(x)(x^2-x-1)+r(x) \tag{1}$$

其中 $r(x)$ 是次数不超过 1 的多项式. 接下来考察 $x^2-x-1=0$ 的根,它们是

$$a=\frac{1+\sqrt{5}}{2},\ b=\frac{1-\sqrt{5}}{2}$$

将两个根分别代入式 (1),得到 $a^n=r(a)$,$b^n=r(b)$.

设 $r(x)=ux+v$,则 $a^n=ua+v$,$b^n=ub+v$,于是

$$u=\frac{a^n-b^n}{\sqrt{5}},\ v=\frac{a^{n-1}-b^{n-1}}{\sqrt{5}}$$

我们可以看出,结果可以用斐波那契数列简单地表示为

$$r(x)=F_nx+F_{n-1}$$

注 还值得注意的是

$$q(x)=F_1x^{n-2}+F_2x^{n-3}+\cdots+F_{n-1}$$ □

10. 一个 8×8 的棋盘被一些 2×1 的长方形骨牌铺满，每个骨牌都被涂成了黑色或白色. 求最少需要多少块黑色骨牌，使得我们可以将棋盘铺设成没有 2×2 的正方形是完全由白色骨牌覆盖的(不要求恰好是由两块白色骨牌覆盖)?

解 按如图 5 所示的方式染色，如果每个暗色的 2×2 正方形不是完全被白色骨牌覆盖的，那么它至少有一个格子为黑色. 另外，每个骨牌不能同时覆盖两个暗色正方形中的格子. 因此至少需要 9 个黑色的骨牌.

图 5

我们给出 9 块黑色骨牌位置的例子，如图 6 所示.

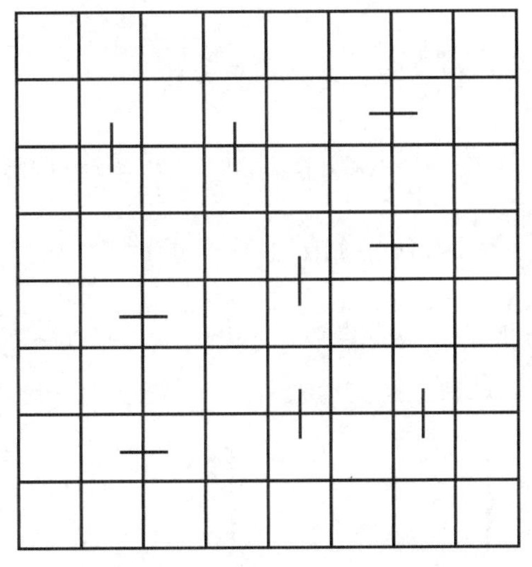

图 6

□

测试题 B

1. 利用如图 7 所示的块铺满一个正方形.

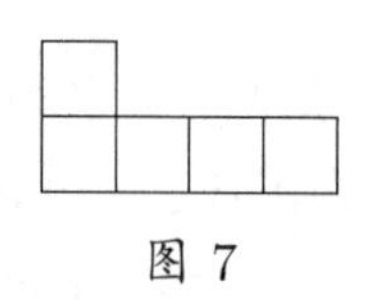

图 7

解 我们可以用两个这样的块拼成一个 2×5 的矩形块,然后用 10 个矩形块拼成一个 10×10 的正方形,如图 8 所示.

图 8

□

2. 求所有的素数 p,使得 $47p^2+1$ 是完全平方数.

解 设正整数 a 满足 $47p^2+1=a^2$. 注意到 47 是素数,而且有因式分解

$$(a-1)(a+1)=47p^2$$

若 $p=2$,则方程无解,于是 p 是奇素数. 因此 $\gcd(a-1,a+1)=\gcd(a-1,2)=1$,而两个因子的差为 2,因此有

$$\begin{cases}a-1=47\\ a+1=p^2\end{cases},\quad \begin{cases}a-1=p^2\\ a+1=47\end{cases}$$

第一个方程组的解为 $a=48$, $p=7$; 第二个方程组无解. 因此 $p=7$ 是唯一的解.

□

3. 黑板上写着数 $1 \sim 10$. 去掉其中一些数, 使得剩余的数可以分成两组, 每组的乘积相同. 最少需要去掉多少个数?

解 注意到,如果我们去掉 7,那么剩余的数满足

$$1 \times 2 \times 3 \times 4 \times 5 \times 6 = 8 \times 9 \times 10$$

另外,如果我们不去掉任何数,那么两组数其中一组包含 7,乘积是 7 的倍数,而另一组的乘积不是 7 的倍数,矛盾. 因此至少要去掉 1 个数. □

4. 求最小的正整数 n, 使得对任意的素数 p, p^2+n 不是素数.

解 注意到下面的数对 (n,p) 可以使 p^2+n 为素数: $(1,2)$, $(2,3)$, $(3,2)$, $(4,3)$. 因此 $n \geqslant 5$. 取 $n=5$,若 $p \geqslant 3$,则 p^2+n 是偶数,并且大于 2,因此 p^2+n 不是素数;若 $p=2$,则 $p^2+n=9$ 不是素数. 因此,$n=5$ 是满足条件的最小的正整数. □

5. 对所有实数 x,y,z, 求 $x^4+y^4+z^4-4xyz$ 的极小值.

解法一 注意到

$$x^4+y^4+z^4-4xyz=(x^2-y^2)^2+(z^2-1)^2+2(xy-z)^2-1 \geqslant -1$$

等号成立,当且仅当

$$(x,y,z) \in \{(1,1,1),(-1,-1,1),(-1,1,-1),(1,-1,-1)\}$$

□

解法二 利用均值不等式,有

$$x^4+y^4+z^4+1 \geqslant 4\sqrt[4]{x^4y^4z^4}=4|xyz| \geqslant 4xyz$$

所以 $x^4+y^4+z^4-4xyz \geqslant -1$. 当 $x^4=y^4=z^4=1$ 并且 $|xyz|=xyz$ 时等号成立,即

$$(x,y,z) \in \{(1,1,1),(-1,-1,1),(-1,1,-1),(1,-1,-1)\}$$

□

6. 甲、乙两人做如下的游戏: 有 22 张卡片, 上面分别写着数 $1 \sim 22$. 甲选择一张卡片放在桌上, 然后乙在剩下的卡片中取一张放在甲的卡片的右边, 使得两张卡片上的数之和为完全平方数. 然后甲再从剩下的卡片中选择一张放在乙的卡片的右端, 使得这两张卡片上的数之和为完全平方数, 如此继续. 当所有卡片用光或者没有任何符合规则的卡片可以继续放上时游戏结束, 胜者为放上最后一张卡片的人. 问: 甲是否有必胜策略?

解 甲有必胜策略.

甲第一步选择写着 2 的卡片. 注意到可能得到的完全平方数为 4, 9, 16, 25, 36. 考虑方程 $2+m=n^2$，乙可能选择写着 7 或 14 的第二张卡片. 若乙选择 7，则甲选择 18，此时方程 $18+m=n^2$ 没有 $m=7$ 之外的解，因此乙无法继续选择. 于是甲赢得比赛 (2–7–18). 若乙选择 14，则甲可以通过另一个序列 2–14–11–5–20–16–9–7–18 赢得比赛. 在该序列的每一步，乙只有序列上的下一个数这一个选择.

甲的另一个必胜策略是从 18 开始，沿着序列 18–7–2–14–11–5–20–16–9 进行游戏，每次乙只有一种选择. □

7. 求所有的正整数三元组 (x, y, z)，满足

$$x^3+y^3+z^3=2\ 008$$

解 不妨设 $x \leqslant y \leqslant z$，于是 $z^3+2 \leqslant 2\ 008 \leqslant 3z^3$，得到 $9 \leqslant z \leqslant 12$. 若 $z=12$，则 $x^3+y^3=280$，试验得出 $(x, y)=(4, 6)$. 若 $z=11$，则 $x^3+y^3=677$，进一步得出 $7 \leqslant y \leqslant 8$，而 $x^3+y^3 \equiv 5 \pmod 7$，因此必有 $x^3 \equiv y^3 \equiv -1 \pmod 7$，$y=7, 8$ 均不符合要求. 若 $z=10$，则 $x^3+y^3=1\ 008$，解得 $(x, y)=(2, 10)$. 最后，若 $z=9$，则 $x^3+y^3=1\ 279$，进一步得出 $y=9, 10$，验证均不符合要求.

因此方程的所有解为 $(x, y, z)=(4, 6, 12), (2, 10, 10)$ 或其排列. □

8. 在四边形 $ABCD$ 中，AD 和 BC 的垂直平分线交于 AB 上一点. 证明：$AC=BD$，当且仅当 $\angle A=\angle B$.

证明 假设 $\angle A=\angle B$. 设 T 为 AD 和 BC 的垂直平分线的交点. 注意到 $\angle BTD=\angle CTA$ 并且 $DT=AT$，$BT=CT$，因此 $\triangle BTD$ 和 $\triangle CTA$ 全等，于是 $BD=AC$.

反之，假设 $BD=AC$. 由于 T 在 AD 和 BC 的垂直平分线上，因此有 $DT=AT$，$BT=CT$. 于是 $\triangle BTD$ 和 $\triangle CTA$ 全等，$\angle CTB=\angle DTA$. 然后得到

$$\angle B=90^\circ-\frac{1}{2}\angle CTB=90^\circ-\frac{1}{2}\angle DTA=\angle A$$

□

9. 在一个 8×8 的棋盘上的每个格子中写上了一个不超过 10 的正整数，使得任意相邻的两个格子（包括有公共边以及对角相邻的格子）中的两个数互素. 证明：某个数至少出现 11 次.

证明 根据所给条件，任意 2×2 的正方形中的 4 个数两两互素. 所以每个 2×2 的方格中至少有 3 个奇数，并且 3 和 9 不同时出现在 2×2 的正方形中. 将棋盘分成 16 个 2×2 的正方形. 每个这样的正方形中至多有一个 3 的倍数，也至多有一个偶数，因此它包含 1,5,7 中至少两个数. 因此一共至少有 32 个数属于 $\{1,5,7\}$. 根据抽屉原则，其中某个数至少出现 11 次. □

10. 设 $A_1A_2\cdots A_{10}$ 是一个正十边形. 求顶点在 $A_1,A_2,\cdots,A_{10}$ 中的钝角三角形的个数.

解 我们先找以 A_1 为钝角顶点的三角个数，然后乘以 10 得到答案.

因为 $\angle A_iA_1A_{i+1}=18^\circ$，所以 $\angle A_iA_1A_{i+t}=t\cdot18^\circ$. 若要 $\angle A_iA_1A_{i+t}$ 是钝角，则必有 $t\cdot18^\circ>90^\circ$，得出 $t\geqslant6$. 若 $i=2$，则得到 $\triangle A_2A_1A_8$，$\triangle A_2A_1A_9$，$\triangle A_2A_1A_{10}$. 若 $i=3$，则得到 $\triangle A_3A_1A_9$ 和 $\triangle A_3A_1A_{10}$. 若 $i=4$，则得到 $\triangle A_4A_1A_{10}$. 所以钝角顶点为 A_1 的钝角三角形一共有 6 个. 因此所有的钝角三角形个数为 $6\times10=60$. □

测试题 C

1. 将 1 000 000 写成一个素数和一个完全平方数之和.

解 设 p 是素数，n 是正整数，题目条件等价于方程

$$n^2+p=1\ 000\ 000$$

注意到 $1\ 000\ 000=10^6$，因此可以用平方差公式因式分解，得到

$$p=10^6-n^2=(10^3-n)(10^3+n)$$

由于 $10^3-n<10^3+n$，因此必有 $10^3-n=1,10^3+n=p$. 于是得到 $n=999$，$p=1\ 999$，p 确实是素数. □

2. 一个整系数一元二次方程的判别式是否可以等于下列数？

(a) 2 007.

(b) 2 008.

解 设多项式为 $P(x)=ax^2+bx+c,a,b,c\in\mathbb{Z}$. $P(x)$ 的判别式为 b^2-4ac. 注意到 $n^2\equiv0,1\pmod 4$，因此

$$b^2-4ac\equiv0,1\pmod 4$$

由于 $2\,007 \equiv 3 \pmod 4$，因此 (a) 不可能. (b) 是可能的，例如取 $a=1, b=0$，$c=-502$. □

3. 设正整数 n 是 4 的倍数. 证明：n^2+2 可以写成 $a^4+b^4+c^4+d^4-4abcd$ 的形式，其中 a,b,c,d 是非负整数.

证明 记 $n=4k$，k 是正整数. 取 $a=k+1, b=k-1, c=k, d=k$，则有

$$
\begin{aligned}
& a^4+b^4+c^4+d^4-4abcd \\
=& (k+1)^4+(k-1)^4+k^4+k^4-4k^2(k^2-1) \\
=& 16k^2+2=n^2+2
\end{aligned}
$$

因此对于 $n=4k$，总存在满足条件的四个非负整数 (a,b,c,d). □

4. 设 $\triangle ABC$ 满足 $AB=AC=20, BC=24$，点 D 在 $\triangle ABC$ 的外接圆的劣弧 $\overset{\frown}{AB}$ 上，并且满足 $AD=15, BD=7$. 证明：CD 是外接圆的直径.

证明 将托勒密定理应用到四边形 $ABCD$，得到

$$AC\cdot BD+BC\cdot AD=AB\cdot CD$$

因此有

$$CD=\frac{20\times 7+24\times 15}{20}=25$$

进一步注意到 $BC^2+BD^2=CD^2$，即 $24^2+7^2=25^2$，因此 $\triangle CBD$ 是直角三角形，$\angle CBD=90^\circ$，所以 CD 是外接圆的直径. □

5. 将正奇数按如下方式进行分组

$$\{1\},\ \{3,5\},\ \{7,9,11\},\ \{13,15,17,19\},\ \cdots$$

证明：第 n 组的数之和为 n^3.

证明 设 $a_i=2i-1$ 为第 i 个奇数，S_i 为由第 i 组数构成的集合. 注意到 $|S_i|=i$，因此在第 n 组数之前共有

$$1+2+\cdots+(n-1)=\frac{(n-1)n}{2}$$

个奇数. 于是

$$S_n=\left\{a_{\frac{(n-1)n}{2}+1}, a_{\frac{(n-1)n}{2}+2}, \cdots, a_{\frac{n(n+1)}{2}}\right\}$$

S_n 中的元素之和为

$$\begin{aligned}\sum_{a_i \in S_n} a_i &= \sum_{i=1}^{n}\left(2\left(\frac{(n-1)n}{2}+i\right)-1\right)\\ &= (n-1)n^2 + 2\cdot\frac{(n+1)n}{2} - n = n^3\end{aligned}$$

□

6. 点 M 和 N 在以 AB 为直径的半圆上,并且满足

$$AM - BM = 3,\ AN - BN = 7$$

设 P 是 AN 和 BM 的交点. 计算 $[AMP]-[BNP]$.

解 我们首先发现

$$\begin{aligned}(AM-BM)^2 &= AM^2 + BM^2 - 2\cdot AM\cdot BM\\ &= AB^2 - 2\cdot AM\cdot BM = 9\\ (AN-BN)^2 &= AN^2 + BN^2 - 2\cdot AN\cdot BN\\ &= AB^2 - 2\cdot AN\cdot BN = 49\end{aligned}$$

因此 $AM\cdot BM - AN\cdot BN = 20$,然后有

$$\begin{aligned}[AMP]-[BNP] &= [AMB]-[ANB]\\ &= \frac{1}{2}(AM\cdot BM - AN\cdot BN)\\ &= 10\end{aligned}$$

□

7. 图 9 中有多少个正六边形?

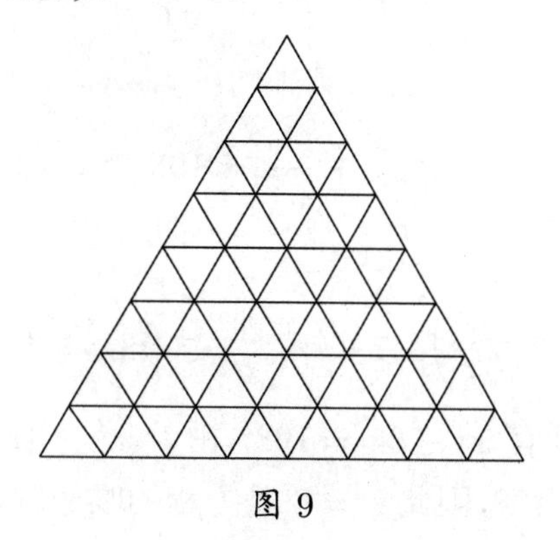

图 9

解 假设最小的三角形的边长为 1. 考虑图 10 中标记出的交点.

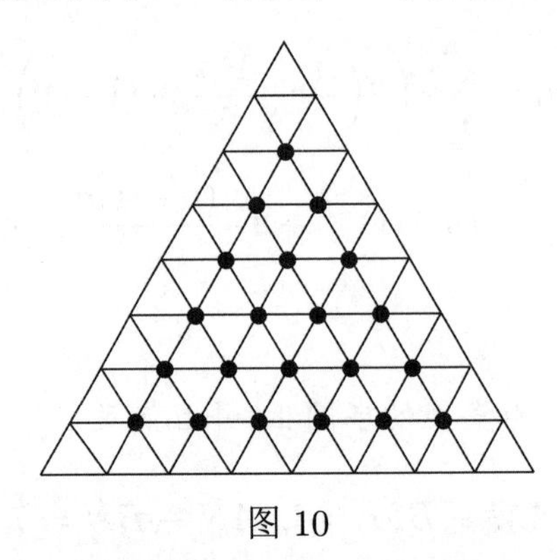

图 10

从上面第二行开始,依次有 $1,2,\cdots,6$ 个标记点,因此共有 $1+2+3+\cdots+6=21$ 个标记点. 每个标记点都是一个边长为 1 的正六边形的中心,反之每个边长为 1 的正六边形的中心都是一个标记点. 因此有 21 个边长为 1 的正六边形.

类似地,去掉最外层的标记点,剩余的每个标记点都是一个边长为 2 的正六边形的中心,于是有 $1+2+3=6$ 个边长为 2 的正六边形. 不存在边长至少为 3 的正六边形.

因此共有 $21+6=27$ 个正六边形. □

8. 设正实数 r 满足

$$\sqrt[4]{r}-\frac{1}{\sqrt[4]{r}}=14$$

证明

$$\sqrt[6]{r}+\frac{1}{\sqrt[6]{r}}=6$$

证明 第一步是计算 $\sqrt{r}+\frac{1}{\sqrt{r}}$. 显然有

$$\left(\sqrt[4]{r}-\frac{1}{\sqrt[4]{r}}\right)^2=\sqrt{r}+\frac{1}{\sqrt{r}}-2=196$$

因此

$$\sqrt{r}+\frac{1}{\sqrt{r}}=198$$

另外

$$\left(\sqrt[6]{r}+\frac{1}{\sqrt[6]{r}}\right)^3=\sqrt{r}+\frac{1}{\sqrt{r}}+3\left(\sqrt[6]{r}+\frac{1}{\sqrt[6]{r}}\right)$$

设 $x=\sqrt[6]{r}+\frac{1}{\sqrt[6]{r}}\geqslant 2$,则有 $x^3-3x=198$. 由于 x^3-3x 是区间 $[2,+\infty)$ 上的增函数,并且 $6^3-3\times 6=198$,因此 $x=6$ 是方程的唯一解,这样就完成了证明. □

9. 求最大的整数 n，使得存在平面上的点 $P_1, P_2, \cdots, P_n$，满足任意顶点在 $P_1, P_2, \cdots, P_n$ 中的三角形有一条边的长度小于 1，还有一条边的长度大于 1.

解 对于 $n=5$，容易找到符合要求的点集. 例如：取一个正五边形，其边长小于 1，对角线长大于 1.

现在假设 $n \geqslant 6$. 考虑满足题目要求的六个点 $P_1, P_2, \cdots, P_6$. 若 $P_iP_j \leqslant 1$，则将边 P_iP_j 染成红色，否则染成蓝色. 根据拉姆塞定理，有 $R(3,3)=6$，因此无论染色结果如何，总有单色的三角形. 这个三角形的所有边长都小于 1，或者所有边长都大于或等于 1，矛盾.

因此 $n=5$ 是满足要求的最大的数. □

10. 求最小的实数 r，使得若 a, b, c 是一个三角形的三边之长，则有

$$\frac{\max\{a,b,c\}}{\sqrt[3]{a^3+b^3+c^3+3abc}} < r$$

解 取 $a=b=n, c=1$，则有 $r > \frac{n}{\sqrt[3]{2n^3+3n^2+1}}$. 求极限 $\lim\limits_{n\to+\infty} \frac{n}{\sqrt[3]{2n^3+3n^2+1}}$，得到 $r \geqslant \frac{1}{\sqrt[3]{2}}$.

我们将证明 $r=\frac{1}{\sqrt[3]{2}}$ 满足题目要求，即

$$\frac{1}{\sqrt[3]{2}} > \frac{\max\{a,b,c\}}{\sqrt[3]{a^3+b^3+c^3+3abc}}$$

不妨设 $a=\max\{a,b,c\}$，则不等式等价于

$$b^3+c^3-a^3+3abc>0 \Leftrightarrow (b+c-a)((b+a)^2+(b-c)^2+(c+a)^2)>0 \quad (1)$$

根据三角不等式有 $b+c-a>0$，因此式 (1) 成立. 于是满足条件的最小的 r 为 $\frac{1}{\sqrt[3]{2}}$. □

2009 年入学测试题解答

测试题 A

1. 时间过去了 10! s,这相当于几个星期?

解 1 min 有 60 s,1 h 有 60 s,一天有 24 h,一个星期有 7 天. 由于

$$\frac{10\times 9\times 8\times 7\times 6\times 5\times 4\times 3\times 2\times 1}{7\times 24\times 60\times 60}\doteq 6$$

因此 10! s 相当于 6 个星期. □

2. 正整数 N 的所有数码都为 1. 证明:若 7 整除 N,则 13 也整除 N.

证明 令 $N=\underbrace{111\cdots 1}_{n\text{ 个 }1}=\frac{10^n-1}{9}$. 根据费马小定理,有 $10^6\equiv 1 \pmod 7$,所以若 $n=6k+r$,其中 $k\in\mathbb{N}, r\in\{0,1,\cdots,5\}$,则

$$\frac{10^n-1}{9}=\frac{10^{6k+r}-1}{9}\equiv\frac{1^k\times 10^r-1}{9}\equiv\frac{10^r-1}{9}\pmod 7$$

而 1, 11, 111, 1 111, 11 111 都不能被 7 整除. 因此当且仅当 $r=0$ 时 7 整除 N. 容易算出 $10^{6k}=(10^6)^k\equiv 1^k\equiv 1 \pmod{13}$,因此 13 整除 N. □

3. 能否从一个 29×29 的纸中剪出一个边长为整数,对角线长为 29 的长方形?

解 可以. 由于 $29=5^2+2^2$,因此 $a=5^2-2^2=21$, $b=2\times 5\times 2=20$ 满足 $a^2+b^2=29^2$. 取边长为 21 和 20 的矩形即可. □

4. 求最小的 22 位整数,能被 22 整除,并且其数码和为 22.

解 我们将证明最小的符合要求的正整数为 $1\underbrace{00\cdots 0}_{17\text{ 个 }0}1\,398$. 显然这个数满足要求,因此只需证明这是最小的符合要求的数.

若要一个正整数为 11 的倍数,则奇数位上的数码之和和偶数位上的数码之和的差为 11 的倍数. 另外,由于奇数位上的数码之和和偶数位上的数码之和的和为 22,因此其中一个的数码和为 0 或者两个数码和都是 11. 于是有下面的两种情形:

(i) 其中一个数码和为 0. 由于首位数字非零,因此偶数位上的数码和为 0. 相应的最小的数为 $10\cdots0\ 309\ 090$.

(ii) 两个数码和都是 11. 注意到只需分别使奇数位(或者偶数位)上数码形成的数字最小,因此最后的数字分别为 9 和 8(因为偶数位上形成的数需要是偶数). 剩下只需选取右边第 3,4 位上的数码使得总和为 11(奇数位的数字需要最高位数码为 1),于是右边第 4 位上的数码需要为 1,得到 $1+1+9=11$,右边第 3 位上的数码需要为 3,得到 $3+8=11$. 于是得到最开始的答案.

□

5. 对一个实数 a,设 $\lfloor a \rfloor$ 和 $\{a\}$ 分别表示它的整数部分和小数部分. 求所有的 x,满足

$$\lfloor x \rfloor \cdot \{x\} = \left(\frac{2}{5}x\right)^2$$

解法一 所给方程可以改写成

$$\lfloor x \rfloor \cdot \{x\} = \frac{4}{25}(\lfloor x \rfloor + \{x\})^2 \ \Leftrightarrow\ 4\lfloor x \rfloor^2 - 17\lfloor x \rfloor \cdot \{x\} + 4\{x\}^2 = 0$$

于是

$$(\lfloor x \rfloor - 4\{x\})(4\lfloor x \rfloor - \{x\}) = 0$$

因此 $\lfloor x \rfloor = 4\{x\}$,或者 $4\lfloor x \rfloor = \{x\}$.

若是第一种情形,则得到 $\lfloor x \rfloor < 4$,于是

$$(\lfloor x \rfloor, \{x\}) \in \left\{(0,0), \left(1, \frac{1}{4}\right), \left(2, \frac{1}{2}\right), \left(3, \frac{3}{4}\right)\right\}$$

若是第二种情形,则得到 $4\lfloor x \rfloor < 1$,于是 $\lfloor x \rfloor = \{x\} = 0$.

所以答案为 $x \in \left\{0, \frac{5}{4}, \frac{5}{2}, \frac{15}{4}\right\}$. □

解法二 若 $\{x\} = 0$,则 $x = 0$. 假设 $\{x\} > 0$,于是 $\lfloor x \rfloor > 0$,进一步有

$$\left(\frac{2}{5}x\right)^2 = \lfloor x \rfloor \cdot \{x\} < x \cdot 1$$

于是 $x < \frac{25}{4}$,得到 $\lfloor x \rfloor \in \{0,1,2,3,4,5,6\}$.

(i) 若 $\lfloor x \rfloor = 0$,则得到 $x = 0$.

(ii) 若 $\lfloor x \rfloor = 1$,则得到

$$\{x\} = \left[\frac{2}{5}(1+\{x\})\right]^2 \ \Rightarrow\ 4\{x\}^2 - 17\{x\} + 4 = 0 \ \Rightarrow\ \{x\} = \frac{1}{4}$$

(iii) 若 $\lfloor x \rfloor = 2$,则得到

$$2\{x\} = \left[\frac{2}{5}(2+\{x\})\right]^2 \Rightarrow 2\{x\}^2 - 17\{x\} + 8 = 0 \Rightarrow \{x\} = \frac{1}{2}$$

(iv) 若 $\lfloor x \rfloor = 3$,则得到

$$3\{x\} = \left[\frac{2}{5}(3+\{x\})\right]^2 \Rightarrow 4\{x\}^2 - 51\{x\} + 36 = 0 \Rightarrow \{x\} = \frac{3}{4}$$

(v) 若 $\lfloor x \rfloor = 4$,则得到

$$4\{x\} = \left[\frac{2}{5}(4+\{x\})\right]^2 \Rightarrow \{x\}^2 - 17\{x\} + 16 = 0$$

没有得到 $\{x\}$ 的合适的值.

(vi) 若 $\lfloor x \rfloor = 5$,则得到

$$5\{x\} = \left[\frac{2}{5}(5+\{x\})\right]^2 \Rightarrow 4\{x\}^2 - 85\{x\} + 100 = 0$$

没有得到 $\{x\}$ 的合适的值.

(vii) 若 $\lfloor x \rfloor = 6$,则得到

$$6\{x\} = \left[\frac{2}{5}(6+\{x\})\right]^2 \Rightarrow 2\{x\}^2 - 51\{x\} + 72 = 0$$

没有得到 $\{x\}$ 的合适的值.

综上所述,我们得到解为 $x \in \left\{0, \frac{5}{4}, \frac{5}{2}, \frac{15}{4}\right\}$. □

6. 设 $T_k = \frac{k(k+1)}{2}$, $k = 1, 2, 3, \cdots$. 证明:存在无穷多的正整数 n,使得 T_n 能被它的数码和整除.

证明 取 $k = 10^m - 1$, m 是整数,则有

$$\begin{aligned} T_k &= 5 \times 10^{m-1}(10^m - 1) \\ &= 5\underbrace{00\cdots0}_{2m-1\text{个}0} - 5\underbrace{00\cdots0}_{m-1\text{个}0} \\ &= 4\underbrace{99\cdots9}_{m-1\text{个}9}5\underbrace{00\cdots0}_{m-1\text{个}0} \end{aligned}$$

于是 T_k 的数码和为

$$S(T_k) = 4 + 9(m-1) + 5 = 9m$$

只需找到无穷多的 m,使得 $9m$ 整除 10^m-1. 从 $m_1=9$ 开始,定义

$$m_{i+1}=\frac{10^{m_i}-1}{9}$$

由于 $m_i \mid \frac{1}{9}(10^{m_i}-1)$,因此有

$$9m_{i+1}=(10^{m_i}-1)\mid\left(10^{\frac{10^{m_i}-1}{9}}-1\right)=10^{m_{i+1}}-1$$

进一步,$9=m_1<\frac{10^9-1}{9}=m_2<\cdots$. 所以由序列 $\{m_i\}_{i\geqslant 1}$ 得到的序列 $\{T_k\}$ 满足题目的要求.

注 除了上述的证明方法,还可以直接证明 $m_i=3^i, i=1,2,\cdots$,满足要求. □

7. 在 $\triangle ABC$ 中,M 是边 BC 的中点,点 D 在边 AB 上,CD 和 AM 相交于点 E,满足 $DE=AD$. 证明:$CE=AB$.

证明 将梅涅劳斯定理应用于 $\triangle BDC$ 和经过 A,E,M 的直线,得到

$$\frac{BM}{MC}\cdot\frac{CE}{ED}\cdot\frac{DA}{AB}=1$$

由于 $BM=MC, DE=AD$,因此得到结论. □

8. 设 a 和 b 是不同的实数. 证明:对任意正实数 x,有

$$\frac{8x^2}{|a-b|}+\frac{a^2+b^2}{x}\geqslant 6x$$

证法一 将不等式的左端改写为

$$\frac{4x^2}{|a-b|}+\frac{4x^2}{|a-b|}+\frac{a^2+b^2}{x}$$

根据均值不等式,有

$$\frac{4x^2}{|a-b|}+\frac{4x^2}{|a-b|}+\frac{a^2+b^2}{x}\geqslant 3\sqrt[3]{\frac{16x^3(a^2+b^2)}{(a-b)^2}}$$

进一步,由于 $2(a^2+b^2)\geqslant(a-b)^2$,因此得到

$$\frac{16x^3(a^2+b^2)}{(a-b)^2}\geqslant 8x^3$$

于是有

$$\frac{8x^2}{|a-b|}+\frac{a^2+b^2}{x}=\frac{4x^2}{|a-b|}+\frac{4x^2}{|a-b|}+\frac{a^2+b^2}{x}\geqslant 3\sqrt[3]{8x^3}=6x$$

等号成立,当且仅当 $a=-b$,并且

$$\frac{4x^2}{|a-b|}=\frac{4x^2}{2|a|}=\frac{a^2+b^2}{x}=\frac{2a^2}{x}$$

解得 $x=|a|$. □

证法二 我们需要证明

$$8x^3+(a^2+b^2)|a-b| \geqslant 6x^2|a-b| \tag{1}$$

设 $P(x)=8x^3-6x^2|a-b|$. 注意到它的导函数的根为 0 和 $\frac{|a-b|}{2}$,而 $\lim\limits_{x\to+\infty} P(x)=+\infty$,因此它在 $[0,+\infty)$ 内可以取到最小值,并且最小值在 $x=0$ 或者 P' 的零点. $P(0)=0>-(a^2+b^2)|a-b|$ 满足不等式 (1),而

$$\begin{aligned} P\left(\frac{|a-b|}{2}\right) &= \left(\frac{|a-b|}{2}\right)^2\left(8\times\frac{|a-b|}{2}-6|a-b|\right) \\ &= -\frac{|a-b|^2\cdot|a-b|}{2} \\ &= -\frac{(a-b)^2|a-b|}{2} \\ &\geqslant -|a-b|(a^2+b^2) \end{aligned}$$

其中最后的不等式等价于 $2(a^2+b^2)\geqslant(a-b)^2$,这显然成立. 等号成立,当且仅当 $a=-b$,于是 $x=|a|$. □

9. 黑板上写着数 $1\sim10$. 每次操作可以将三个数 a,b,c 替换成

$$\frac{2(b+c)-a}{3},\ \frac{2(c+a)-b}{3},\ \frac{2(a+b)-c}{3}$$

黑板上是否能出现大于 20 的数？

解 设 a,b,c 是过程中被操作的三个数,操作之后,三个数变为

$$\frac{2(b+c)-a}{3},\quad \frac{2(c+a)-b}{3},\quad \frac{2(a+b)-c}{3}$$

它们的平方和为

$$\left(\frac{2(b+c)-a}{3}\right)^2+\left(\frac{2(c+a)-b}{3}\right)^2+\left(\frac{2(a+b)-c}{3}\right)^2=a^2+b^2+c^2$$

因此,所有数的平方和在操作下不变.

最开始,所有数的平方和为 $1^2+2^2+\cdots+10^2=385<20^2$,因此黑板上始终不会出现超过 20 的数. □

10. 设多项式 $P(x)=2\ 009x^9+a_1x^8+\cdots+a_9$ 满足

$$P\left(\frac{1}{n}\right)=\frac{1}{n^3},\ n=1,2,\cdots,9$$

计算 $P\left(\frac{1}{10}\right)$.

解 考虑多项式 $Q(x)=P(x)-x^3$. 现在已知 $Q(1)=Q\left(\frac{1}{2}\right)=\cdots=Q\left(\frac{1}{9}\right)=0$. 由于 $\deg Q(x)=9$,因此

$$Q(x)=2\,009\,(x-1)\left(x-\frac{1}{2}\right)\cdots\left(x-\frac{1}{9}\right)$$

于是

$$\begin{aligned}Q\left(\frac{1}{10}\right)&=2\,009\left(\frac{1}{10}-1\right)\left(\frac{1}{10}-\frac{1}{2}\right)\cdots\left(\frac{1}{10}-\frac{1}{9}\right)\\&=-\frac{2\,009}{10^9}\end{aligned}$$

得到

$$P\left(\frac{1}{10}\right)=\frac{1}{10^3}-\frac{2\,009}{10^9}=\frac{10^6-2\,009}{10^9}$$

□

测试题 B

1. 在下午 3:54 时,钟表的时针和分针的夹角是多少?

解 分针每分钟移动 6°.54 min 后,分针从 12 点的位置移动了 $54\times6^\circ=324^\circ$.时针每小时移动 30°,于是在下午 3:54 时,时针从 12 点的位置移动了 $\left(3+\frac{54}{60}\right)\times30^\circ=117^\circ$. 因此答案为 $324^\circ-117^\circ=207^\circ$. □

2. 求最小的正整数,其平方的末尾为 2 009.

解 设 n 是这个最小的正整数,则 $n^2\equiv2\,009\pmod{10^4}$,于是

$$\begin{aligned}n^2&\equiv2\,009\pmod{2^4}\\n^2&\equiv2\,009\pmod{5^4}\end{aligned}$$

化简得

$$\begin{aligned}n^2&\equiv9\pmod{2^4}\\n^2&\equiv134\pmod{5^4}\end{aligned}\tag{3}$$

式 (1) 给出了 $n^2\equiv9\pmod{5^3}$,因此 $n\equiv\pm3\pmod{5^3}$. 设 $n=\pm3+5^3k$,其中 k 是正整数,则

$$n^2=9\pm6\times5^3k+5^6k^2\equiv9\pm6\times5^3k\pmod{5^4}$$

由于我们需要 n 满足 $n^2 \equiv 2\ 009 \pmod{5^4}$,因此

$$9 \pm 6 \times 5^3 k \equiv 2\ 009 \pmod{5^4}$$

即 $\pm 6 \times 5^3 k \equiv 2\ 000 \pmod{5^4}$,因此 $\pm 3k \equiv 8 \pmod{5}$,解得 $k \equiv \pm 1 \pmod{5}$,其中正负号的选择与之前的 ± 3 的选择一致. 因此

$$n = \pm(3 + 5^3) + 5^4 t$$

其中 t 为正整数. 于是 $n \equiv \pm 128 \pmod{5^4}$.

从 $n^2 \equiv 9 \pmod{2^4}$,我们得到 $n \equiv \pm 3 \pmod{2^3}$. 根据中国剩余定理,我们得到模 $2^3 \times 5^4 = 5\ 000$ 的四个解

$$n \equiv 1\ 747, 2\ 003, 2\ 997, 3\ 253 \pmod{5\ 000}$$

其中最小的解为 $n = 1\ 747$,$1\ 747^2 = 3\ 052\ 009$. □

3. 求所有的正整数 n,使得 $\sqrt{\sqrt{n} + \sqrt{n + 2\ 009}}$ 是整数.

解 设 $\sqrt{\sqrt{n} + \sqrt{n + 2\ 009}} = m$,$m$ 是正整数,则

$$\sqrt{n + 2\ 009} - \sqrt{n} = \frac{(n + 2\ 009) - n}{\sqrt{n + 2\ 009} + \sqrt{n}} = \frac{2\ 009}{m^2}$$

于是有

$$\sqrt{n} = \frac{m^4 - 2\ 009}{2m^2}$$

若要 $\sqrt{n}$ 是整数,则 m 必须是奇数,并且 $m^2 \mid 2\ 009$. 由于 $2\ 009 = 7^2 \times 41$,因此 $m = 7$,得到 $n = 16$,这是满足题目条件的唯一的正整数. □

4. 有多少正的完全立方数能整除 $25!$?

解 由于

$$25! = 2^{22} \times 3^{10} \times 5^6 \times 7^3 \times 11^2 \times 13 \times 17 \times 19 \times 23$$

因此若 $n^3 \mid 25!$,则有 $n = 2^a \times 3^b \times 5^c \times 7^d$,其中 a, b, c, d 为非负整数,并且 $a \leqslant 7$,$b \leqslant 3$,$c \leqslant 2$,$d \leqslant 1$. 所以我们分别有 $8, 4, 3, 2$ 种方法选择 $2, 3, 5, 7$ 的幂次,由乘法原理,共有 $2 \times 3 \times 4 \times 8 = 192$ 个不同的 n 满足题目要求. □

5. 求所有的整数 n,使得存在两两不同的奇数 a, b, c 满足

$$\begin{cases} n + 2\ 009 = a + b + c \\ n + abc = ab + bc + ca \end{cases}$$

解 设 $a=2x+1,b=2y+1,c=2z+1$,其中 x,y,z 为不同的整数. 将题目中的两个方程相减,得到

$$(a-1)(b-1)(c-1)+1=2\ 009 \ \Rightarrow\ 8xyz=2\ 008$$

因此有 $xyz=251$. 由于 251 是素数,且 x,y,z 两两不同,因此

$$\{x,y,z\}=\{1,-1,-251\}$$

于是 $\{a,b,c\}=\{3,-1,-501\}$,得出 $n=-2\ 508$. □

6. 正方体的一个顶点处有一只小虫. 小虫每天沿着正方体的一条棱爬到一个相邻的顶点. 有多少条路径,使得小虫爬行 6 天后回到原来的顶点?

解 假设正方体的顶点为 (x,y,z),其中 x,y,z 中的每个数都为 0 或 1. 每天的爬行相当于将其中一个坐标改变(0 变到 1 或 1 变到 0). 从 $(0,0,0)$ 开始,假设 x 坐标改变了 a 次,y 坐标改变了 b 次,z 坐标改变了 c 次. 由于小虫爬行了 6 天,因此 $a+b+c=6$. 由于最后回到了原点,因此 a,b,c 都是偶数.

因此 (a,b,c) 的可能值为 $(6,0,0),(4,2,0),(2,2,2)$ 以及它们的排列. 知道了每个坐标的改变次数,相应的路径数目为对应个数的字母 x,y,z 的排列个数. 因此题目所求的路径数目为

$$\begin{aligned}&\binom{6}{2}\cdot\binom{4}{2}\cdot\binom{2}{2}+6\left[\binom{6}{4}\cdot\binom{2}{2}\right]+3\binom{6}{6}\\&=90+6\times15+3=183\end{aligned}$$

□

7. 设 $ABCD$ 是平行四边形,X 和 Y 是 $ABCD$ 外两点,满足 $\triangle BCX$ 和 $\triangle CDY$ 都是正三角形. 证明:$\triangle AXY$ 也是正三角形.

证明 注意到 $\angle ABX=\angle ADY$,以及

$$BX=AD,\ AB=DY$$

因此 $\triangle ABX$ 和 $\triangle ADY$ 全等. 故 $AY=AX$ 以及 $\angle YAD=\angle BXA$. 于是

$$\angle DAY+\angle BAX=\angle AXB+\angle BAX=180^\circ-\angle ABC-60^\circ=\angle BAD-60^\circ$$

因此 $\angle YAX=60^\circ$. 又因为 $AX=AY$,所以 $\triangle AXY$ 是正三角形. □

8. 在国际象棋的一个变种中,骆驼沿着 2×4 的长方形的对角格跳跃,如图 1 所示.

图 1

证明:在无限大的棋盘上,一个骆驼必须经过偶数步才能跳回初始位置.

证明 注意到骆驼在棋盘上像 $(1,3)$ 马一样移动,每次向左或向右移动 1 列或 3 列. 如果我们依次将每列用整数标号,那么骆驼每次移动时,所在列的奇偶性改变. 于是当它回到原来的位置时,所在列的奇偶性必然改变偶数次,即经过了偶数步. □

9. 设 $a_n=2-\frac{1}{n^2+\sqrt{n^4+\frac{1}{4}}}$, $n=1,2,\cdots$. 证明:$\sqrt{a_1}+\sqrt{a_2}+\cdots+\sqrt{a_{119}}$ 是整数.

证明 将 a_n 改写,得到

$$\begin{aligned}a_n&=2-\frac{1}{n^2+\sqrt{n^4+\frac{1}{4}}}=2-\frac{\sqrt{n^4+\frac{1}{4}}-n^2}{\frac{1}{4}}=2-4\left(\sqrt{n^4+\frac{1}{4}}-n^2\right)\\&=2-2\sqrt{4n^4+1}+4n^2=2\left[(2n^2+1)-\sqrt{4n^4+1}\right]\end{aligned}$$

因此

$$\sqrt{a_n}=\sqrt{2}\cdot\sqrt{(2n^2+1)-\sqrt{4n^4+1}}$$

应用恒等式

$$4n^4+1=(2n^2+1)^2-4n^2=(2n^2+2n+1)(2n^2-2n+1)$$

我们得到

$$\begin{aligned}\sqrt{a_n}&=\sqrt{4n^2+2-2\sqrt{4n^4+1}}\\&=\sqrt{2n^2+2n+1}-\sqrt{2n^2-2n+1}\end{aligned}$$

注意到 $2n^2-2n+1=2(n-1)^2+2(n-1)+1$,因此裂项求和得到

$$\begin{aligned}\sum_{i=1}^{119}\sqrt{a_i}&=\sum_{i=1}^{119}\left[\sqrt{2i^2+2i+1}-\sqrt{2(i-1)^2+2(i-1)+1}\right]\\&=\sqrt{2\times 119^2+2\times 119+1}-\sqrt{2\times 0^2+2\times 0+1}\\&=169-1=168\end{aligned}$$

□

10. 桌上有一堆 2 009 颗的石子. 每次操作可以选择一堆个数大于 2 的石子,扔掉其中一颗石子,然后将其分成两堆更少的石子(两堆石子的数目可以不同). 是否可以操作,使得最后桌上的每堆石子都恰有 3 颗?

解 注意到在第 k 步,一共剩余 $2\ 009-k$ 颗石子,并被分成了 $k+1$ 堆,其中 $k\in\mathbb{N}$. 若最终每堆棋子恰有 3 颗,则有

$$2\ 009-k=3(k+1)\ \Rightarrow\ 4k=2\ 006$$

上式无整数解. 因此最终不会每堆棋子恰有 3 颗. □

测试题 C

1. 求最小的正奇数,使其数码和为 2 009.

解 由于 $223\times 9<2\ 009$,因此这个数至少有 224 位. 进一步,$223\times 9+1<2\ 009$,因此此数不含数码 1. 注意到 $2\underbrace{99\cdots 9}_{223\text{ 个 }9}$ 满足要求,而且数码和为 2 009 的任意其他的 224 位数的首位都超过 2,即都大于此数,因此 $2\underbrace{99\cdots 9}_{223\text{ 个 }9}$ 是最小的满足要求的正奇数. □

2. 满足 $n^2+2\ 009n$ 为完全平方数的最大正整数 n 是多少?

解 设 k 是正整数,满足 $n^2+2\ 009n=k^2$,则 $4n^2+8\ 036n=4k^2$,配方得到 $(2n+2\ 009)^2-4k^2=2\ 009^2$. 因式分解,得

$$(2n+2\ 009-2k)(2n+2\ 009+2k)=2\ 009^2$$

显然 $2n+2\ 009-2k<2n+2\ 009+2k$. 由于我们要找最大的 n,因此应该选择 n,使得

$$(2n+2\ 009-2k)+(2n+2\ 009+2k)=2(2n+2\ 009)$$

最大. 于是

$$2n+2\,009-2k = 1 \tag{1}$$

$$2n+2\,009+2k = 2\,009^2 \tag{2}$$

将式 (1), (2) 相加得到

$$2(2n+2\,009)=2\,009^2+1$$

$$n=\frac{2\,009^2+1-2\times 2\,009}{4}=\left(\frac{2\,009-1}{2}\right)^2=1\,004^2$$

□

3. 求恰有 2 009 个正因子的最小的正整数.

解 设 n 是有 2 009 个正因子的最小的正整数. 由于 $2\,009=7^2\times 41$，因此 2 009 最多可以写成 3 个大于 1 的整数的乘积，即 $7\times 7\times 41$. 于是 n 至多有 3 个不同的素因子，有三种情况：

(i) $n=p^k$，其中 p 是素数，$k\in\mathbb{N}^*$. 由于 n 有 2 009 个因子，因此 $k+1=2\,009$，即 $k=2\,008$. 当 $p=2$ 时得到最小的正整数 $n=2^{2\,008}$.

(ii) $n=p^{k_1}q^{k_2}$，其中 p 和 q 是素数，$k_1,k_2\in\mathbb{N}^*$. 由于 n 有 2 009 个因子，因此 $(k_1+1)(k_2+1)=2\,009$. 得到 $\{k_1,k_2\}=\{6,286\}$ 或者 $\{k_1,k_2\}=\{40,48\}$. 当 $\{p,q\}=\{2,3\}$ 时得到在这种情况下最小的正整数 n. 由于 $2^4>3^2$，因此 $(2^4)^{17}>(3^2)^{17}$，即 $2^{68}>3^{34}$. 因为 $2^{238}>3^{34}$，所以 $2^{286}\times 3^6>2^{48}\times 3^{40}$，因此 $n=2^{48}\times 3^{40}$.

(iii) $n=p^{k_1}q^{k_2}r^{k_3}$，其中 p,q,r 是素数，$k_1,k_2,k_3\in\mathbb{N}^*$. 由于 n 有 2 009 个因子，因此

$$(k_1+1)(k_2+1)(k_3+1)=2\,009$$

得到 $\{k_1,k_2,k_3\}=\{40,6,6\}$，当 $\{p,q,r\}=\{2,3,5\}$ 时能得到最小的正整数 n. 于是 $n=2^{40}\times 3^6\times 5^6$.

由于 $2^{2\,008}>2^{48}\times 3^{40}>2^{40}\times 3^6\times 9^6>2^{40}\times 3^6\times 5^6$，因此满足题目条件的最小的正整数 n 为 $2^{40}\times 3^6\times 5^6$. □

4. 证明：在乘积 $1!\times 2!\times\cdots\times 120!$ 中，可以去掉一个因子 $k!$，使得剩余部分的乘积为完全平方数.

证明 注意到

$$1! \times 2! \times \cdots \times 120! = 1! \times (1! \times 2) \times 3! \times (3! \times 4) \cdots 119! \times (119! \times 120)$$

为一个完全平方数乘以 $2 \times 4 \times 6 \times \cdots \times 120 = 2^{60} \times 60!$. 因此取 $k = 60$,则剩余部分的乘积为完全平方数. * □

5. 求正整数对 (m, n) 的个数,满足

$$\frac{1}{m} + \frac{1}{n} = \frac{1}{2\ 009}$$

解 由于

$$\frac{1}{m} < \frac{1}{2\ 009}, \frac{1}{n} < \frac{1}{2\ 009}$$

因此 $m > 2\ 009$,$n > 2\ 009$. 现在所给方程可以改写为 $2\ 009(m+n) = mn$,即

$$(m - 2\ 009)(n - 2\ 009) = 2\ 009^2$$

现在 $m - 2\ 009$ 和 $n - 2\ 009$ 同号,并且其中一个的绝对值至少为 2 009. 不妨设 $|m - 2\ 009| \geqslant 2\ 009$. 若 $m - 2\ 009 < 0$,则 $m - 2\ 009 \leqslant -2\ 009$,$m \leqslant 0$,矛盾. 因此 $m - 2\ 009$ 和 $n - 2\ 009$ 均为正数.

由于 $2\ 009^2 = 7^4 \times 41^2$,而且 m, n 在方程中的系数都是 1,因此每个方程组

$$\begin{cases} m - 2\ 009 = d_1 \\ n - 2\ 009 = d_2 \end{cases}$$

有唯一的解,其中正整数 d_1, d_2 满足 $d_1 d_2 = 2\ 009^2$. 所以方程组的解的个数等于 $2\ 009^2$ 的正因子的个数,为 $5 \times 3 = 15$. □

6. 设 $\triangle ABC$ 满足 $\angle A = 120°$,点 P 在 $\angle A$ 的平分线上,满足 $PA = AB + AC$. 证明:$\triangle PBC$ 是等边三角形.

证明 设点 P' 满足 $\triangle P'BC$ 为等边三角形,并且 P' 和 A 在边 BC 的两侧. 由于 $\angle BP'C + \angle BAC = 180°$,因此 P' 在 $\triangle BAC$ 的外接圆上. 由于 $P'B = P'C$,因此 P' 在 $\angle A$ 的平分线上. 根据托勒密定理,有

$$P'A \cdot BC = P'C \cdot AB + P'B \cdot AC \ \Rightarrow\ P'A = AB + AC$$

注意到,若 $\triangle ABC$ 固定,则满足条件 $P'A = AB + AC$ 并且在 $\angle A$ 的平分线上的点 P' 是唯一的. 因此根据同一法,有 $P' \equiv P$,证明完成. □

*原证明不完整,这里换成了一个简单的证明. ——译者注

7. 设 n 是正整数,证明:$\underbrace{44\cdots4}_{2n\text{ 位}}-\underbrace{88\cdots8}_{n\text{ 位}}$ 是完全平方数.

证明 我们有

$$
\begin{aligned}
\underbrace{44\cdots4}_{2n\text{ 位}}-\underbrace{88\cdots8}_{n\text{ 位}} &= 4\left(\frac{10^{2n}-1}{9}\right)-8\left(\frac{10^{n}-1}{9}\right)\\
&= \frac{4\times10^{2n}-8\times10^{n}+4}{9}\\
&= \left(\frac{2\times10^{n}-2}{3}\right)^2
\end{aligned}
$$

而 $\frac{2\times10^{n}-2}{3}$ 是整数,因此证明完成. □

8. 设 a,b,c 是正实数. 证明

$$\frac{a}{a+2b}+\frac{b}{b+2c}+\frac{c}{c+2a}\geqslant1$$

证明 我们有

$$\frac{a}{a+2b}+\frac{b}{b+2c}+\frac{c}{c+2a}=\frac{a^2}{a^2+2ab}+\frac{b^2}{b^2+2bc}+\frac{c^2}{c^2+2ca}$$

根据权方和不等式,得到

$$
\begin{aligned}
\frac{a^2}{a^2+2ab}+\frac{b^2}{b^2+2bc}+\frac{c^2}{c^2+2ca} &\geqslant \frac{(a+b+c)^2}{a^2+b^2+c^2+2(ab+bc+ca)}\\
&= \frac{(a+b+c)^2}{(a+b+c)^2}=1
\end{aligned}
$$

等号成立,当且仅当 $a=b=c$. □

9. 将 $2\ 009^{2\ 010}$ 写成 6 个不同的完全平方数之和.

解 注意到

$$2\ 009=41^2+18^2+2^2=28^2+35^2$$

因此

$$
\begin{aligned}
2\ 009^2 &= (28^2+35^2)(41^2+18^2+2^2)\\
&= (41\times28)^2+(41\times35)^2+(18\times28)^2+(18\times35)^2+56^2+70^2
\end{aligned}
$$

即

$$2\ 009^2=1\ 148^2+1\ 435^2+504^2+630^2+56^2+70^2$$

于是

$$
\begin{aligned}
2\ 009^{2\ 010} =& 2\ 009^{2\ 008} \times 2\ 009^2 \\
=& 2\ 009^{2\ 008} \times \left(1\ 148^2+1\ 435^2+504^2+630^2+56^2+70^2\right) \\
=& (2\ 009^{1\ 004} \times 1\ 148)^2 + (2\ 009^{1\ 004} \times 1\ 435)^2 + (2\ 009^{1\ 004} \times 504)^2 + \\
& (2\ 009^{1\ 004} \times 630)^2 + (2\ 009^{1\ 004} \times 56)^2 + (2\ 009^{1\ 004} \times 70)^2
\end{aligned}
$$

□

10. 设四边形 $ABCD$ 内接于直径为 $AD = x$ 的半圆. 若 $AB = a$, $BC = b$, $CD = c$,证明

$$x^3 - (a^2 + b^2 + c^2)x - 2abc = 0$$

证明 根据勾股定理以及余弦定理,我们有

$$a^2 + BD^2 = x^2, \quad BD^2 = b^2 + c^2 - 2bc\cos\angle BCD$$

于是得到

$$a^2 + b^2 + c^2 - 2bc\cos\angle BCD = x^2$$

注意到 $\angle BCD = 180^\circ - \angle BAD$,因此

$$
\begin{aligned}
& x^3 - (a^2 + b^2 + c^2)x - 2abc \\
=& x^3 - (x^2 + 2bc\cos\angle BCD)x - 2abc \\
=& -2bc(x\cos\angle BCD + a) \\
=& -2bc(-x\cos\angle BAD + a) = 0
\end{aligned}
$$

□

2010 年入学测试题解答

测试题 A

1. 在图 1 中,2 010 正下方的数字是哪个?

0						
1	2	3				
4	5	6	7	8		
9	10	11	12	13	14	15

图 1

解 注意到每一行的开始都是一个完全平方数,而

$$44^2 < 2\,010 < 45^2$$

进一步,由于开始是 n^2 的行和下一行中同一列的数的差为常数 $(n+1)^2-n^2$,因此最终答案为 $2\,010+45^2-44^2=2\,010+89=2\,099$. □

2. 考虑 n 个不同的正整数,其算术平均值小于 n. 证明:这 n 个数中存在相邻的两个数.

证明 设 $k_1<k_2<\cdots<k_n$ 为这 n 个数,则

$$\frac{k_1+k_2+\cdots+k_n}{n}<n$$

假设 $k_1,k_2,\cdots,k_n$ 中不存在相邻的数,则 $k_1\geqslant 1,k_2\geqslant 3,\cdots,k_n\geqslant 2n-1$,于是有

$$n>\frac{k_1+k_2+\cdots+k_n}{n}\geqslant\frac{1+3+\cdots+(2n-1)}{n}=\frac{n^2}{n}=n$$

矛盾. □

3. 2 010 位数 100···09 是否是素数?

解 我们有 $\underbrace{100\cdots09}_{2\,010\text{位}} = 10^{2\,009}+9$. 根据费马小定理,有 $10^6 \equiv 1 \pmod 7$,于是 $10^{2\,004} = (10^6)^{334} \equiv 1 \pmod 7$. 因此

$$10^{2\,009}+9 \equiv 10^5+2 \equiv 5+2 \equiv 0 \pmod 7$$

所以所给的数不是素数. □

4. (a) 有多少小于 1 000 的正整数能被 3,4,5 中的至少一个数整除?

(b) 有多少小于 1 000 的正整数,其数码包含 3,4,5 中的至少一个数?

解 (a) 根据容斥原理,有

$$\left\lfloor\frac{1\,000}{3}\right\rfloor+\left\lfloor\frac{1\,000}{4}\right\rfloor+\left\lfloor\frac{1\,000}{5}\right\rfloor-\left\lfloor\frac{1\,000}{12}\right\rfloor-\left\lfloor\frac{1\,000}{15}\right\rfloor-\left\lfloor\frac{1\,000}{20}\right\rfloor+\left\lfloor\frac{1\,000}{60}\right\rfloor$$
$$=333+250+200-83-66-50+16$$
$$=584$$

(b) 我们计算数码不包含 3, 4, 5 的十进制数. 这样的数的数码都属于集合 $\{0,1,2,6,7,8,9\}$,有 7^3 个这种三位数(不足三位的前面补 0),去掉不符合要求的 000,共有 $7^3-1=342$ 个不含 3,4,5 的小于 1000 的正整数.

因此答案为 $1\,000-342=658$. □

5. 爱丽丝注意到她的社保号码 $ABC-DE-FGHI$ 满足加法算式 $ABC+DE=FGHI$,其中 $F\neq 0$. 求所有不含数字 7,且数码互不相同的这种社保号码.

解 若 $A\leqslant 8$,则 $ABC+DE\leqslant 899+99<1\,000$,矛盾. 因此 $A=9$,而 $ABC+DE<999+99<2\,000$,得到 $F=1$. 方程变为 $900+BC+DE=1\,000+GHI$,即

$$BC+DE=GHI+100$$

由于 $BC+DE<200$,因此 $G=0$. 剩余的数码都大于 1 且小于 9,因此

$$23+100\leqslant 100+HI=BC+DE=10B+C+10D+E$$
$$<10(B+D)+6+8$$

于是 $B+D\geqslant 11$,不妨设 $B\leqslant D$.

有以下四种情形:

(i) 若 $B+D=11$,则 $(B,D)\in\{(3,8),(5,6)\}$. 若 $B=3$,则 $100+HI=110+C+E$. 于是 $HI=10+C+E\leqslant 27$,得到 $H=2$,而 $C+E=10+I$. 剩余可以使用的数码为 $4,5,6$,无解. 若 $B=5$,则同理可得 $C+E=10+I$,剩余数码为 $3,4,8$,无解.

(ii) 若 $B+D=12$,则只有 $(B,D)=(4,8)$,于是 $100+HI=120+C+E$,得到 $HI=20+C+E\leqslant 37$. 若 $H=2$,则 $I=C+E$,剩余数码 $3,5,6$ 无解. 若 $H=3$,则 $10+I=C+E$,剩余数码 $2,5,6$ 无解.

(iii) 若 $B+D=13$,则只有 $(B,D)=(5,8)$,于是 $100+HI=130+C+E$,得到 $HI=30+C+E\leqslant 47$. 若 $H=3$,则 $I=C+E$,根据剩余数码解得 $I=6$,$\{C,E\}=\{2,4\}$. 若 $H=4$,则 $10+I=C+E$,剩余数码 $2,3,6$,无解.

(iv) 若 $B+D=14$,则只有 $(B,D)=(6,8)$,于是 $100+HI=140+C+E$,得到 $HI=40+C+E\leqslant 49$(剩余的最大两个数码为 $4,5$). 于是得到 $H=4$,$I=C+E$,解得 $I=5$,$\{C,E\}=\{2,3\}$.

综上所述,所有解为:$A=9$,$\{B,D\}=\{5,8\}$,$\{C,E\}=\{2,4\}$,$\overline{FGHI}=1\,036$ 或者 $A=9$,$\{B,D\}=\{6,8\}$,$\{C,E\}=\{2,3\}$,$\overline{FGHI}=1\,045$. □

6. 是否存在一个完全平方数,其末尾的 10 个数码互不相同?

解 答案是肯定的. 设 a 为 10 位数,各位数字互不相同. 我们只需找到正整数 n,满足

$$n^2\equiv a \pmod{10^{10}}$$

如果两个方程 $n^2\equiv a \pmod{2^{10}}$,$n^2\equiv a \pmod{5^{10}}$ 分别有解 n_1,n_2. 定义方程 $n\equiv n_1 \pmod{2^{10}}$,$n\equiv n_2 \pmod{5^{10}}$,则根据中国剩余定理,存在满足条件的 n.

现在设 a 是奇数,若 $n^2\equiv a \pmod{2^3}$,则 $a\equiv 1 \pmod 8$. 设 $m=n+4k$,k 是正整数. 假设 $n^2=a+8s$,则有

$$m^2\equiv n^2+8kn\equiv a+8(s+kn) \pmod{16}$$

由于 n 是奇数,因此可以取 k,使得 $s+kn\equiv 0 \pmod 2$,于是 $m^2\equiv a \pmod{2^4}$. 通过同样的推导,可以从 $x^2\equiv a \pmod{2^t}$ 的解 x 得到 $x^2\equiv a \pmod{2^{t+1}}$ 的解 $x+2^{t-1}k$. 最终归纳可得,若 $a\equiv 1 \pmod 8$,则 $x^2\equiv a \pmod{2^{10}}$ 有解. 例如,可以取 $a=7\,654\,321\,089$,然后可以得到一个解为 $n\equiv 481 \pmod{2^{10}}$.

类似地,若有 $n^2\equiv a \pmod{5^r}$,$a\not\equiv 0 \pmod 5$,记 $n^2=a+5^r s$,则取 $m=n+5^r k$,s 是正整数. 于是有

$$m^2\equiv n^2+2\times 5^r kn\equiv a+5^r(s+2kn) \pmod{5^{r+1}}$$

现在利用 $5 \nmid n$,可以取 k,满足 $s+2kn \equiv 0 \pmod 5$,则 $m^2 \equiv a \pmod{5^{r+1}}$. 因此归纳可得,若 $n^2 \equiv a \pmod 5$ 有解,且 $a \not\equiv 0 \pmod 5$,则 $n^2 \equiv a \pmod{5^r}$ 均有解. 对于 $a = 7\,654\,321\,089$,我们有 $a \equiv -1 \pmod 5$,因此存在满足条件的解. □

7. 设 $a_0 = 1, a_{n+1} = a_0 \cdots a_n + 3, n \geqslant 0$. 证明

$$a_n + \sqrt[3]{1 - a_n a_{n+1}} = 1, \quad \forall n \geqslant 1$$

证明 注意到 $a_{n+1} = (a_n - 3)a_n + 3 = a_n^2 - 3a_n + 3$,因此

$$a_n + \sqrt[3]{1 - a_n a_{n+1}} = a_n + \sqrt[3]{1 - a_n(a_n^2 - 3a_n + 3)} = a_n + (1 - a_n) = 1$$

□

8. 在国际象棋棋盘的格子中随机填入数 $1 \sim 64$. 证明:存在两个相邻的格子,其中填入的数的差至少为 5.

证明 取从填入 1 的格子到填入 64 的格子的一条最短的路径,路径上至多一共有 15 个数(含 1 和 64),路径上相邻数的差的总和至少为 63,因此至少有一对相邻数的差不小于 $\lceil \frac{63}{14} \rceil = 5$. □

9. 设 a, b, c 是三角形的三条边的长度,证明

$$0 \leqslant \frac{a-b}{b+c} + \frac{b-c}{c+a} + \frac{c-a}{a+b} < 1$$

证明 可以将式子改写为

$$\sum_{\text{cyc}} \frac{a-b}{b+c} = \left(\sum_{\text{cyc}} \frac{a+c}{b+c}\right) - 3 = E - 3$$

其中 $E = \frac{a+c}{b+c} + \frac{b+a}{c+a} + \frac{c+b}{a+b}$.

要证右边的不等式,注意到在三角形中有

$$b+c > \frac{1}{2}(a+b+c), \quad c+a > \frac{1}{2}(a+b+c), \quad a+b > \frac{1}{2}(a+b+c)$$

因此有

$$E < \frac{2(a+c+b+a+c+b)}{a+b+c} = 4$$

要证左边的不等式,先作代数变形,然后利用权方和不等式有

$$\begin{aligned}E&=\sum_{\text{cyc}}\frac{a+c}{b+c}=\sum_{\text{cyc}}\frac{(a+c)^2}{(a+c)(b+c)}\\&\geqslant\frac{\left(\sum_{\text{cyc}}(a+c)\right)^2}{\sum_{\text{cyc}}(a+c)(b+c)}=\frac{4(a+b+c)^2}{a^2+b^2+c^2+3(ab+bc+ca)}\end{aligned}$$

利用

$$a^2+b^2+c^2\geqslant ab+bc+ca$$

可以证明最后的分式不小于 3,等号成立,当且仅当三角形为等边三角形. * □

10. 设 m 和 n 是正整数,$m<n$. 计算

$$\sum_{k=m+1}^{n}k(k^2-1^2)(k^2-2^2)\cdots(k^2-m^2)$$

解 记所求的和为 $S_{m,n}$,我们有

$$\begin{aligned}&(2m+2)S_{m,n}\\&=\sum_{k=m+1}^{n}k(k^2-1^2)\cdots(k^2-m^2)[(k+m+1)-(k-m-1)]\\&=\sum_{k=m+1}^{n}[(k-m)\cdots k\cdots(k+m+1)-(k-m-1)\cdots k\cdots(k+m)]\end{aligned}$$

裂项求和得到 $(n-m)(n-m+1)\cdots n\cdots(n+m+1)$. 因此

$$S_{m,n}=\frac{1}{2(m+1)}\cdot\frac{(n+m+1)!}{(n-m-1)!}$$

注 我们也可以利用组合数的恒等式,得到

$$\frac{S_{m,n}}{(2m+1)!}=\sum_{k=m+1}^{n}\binom{k+m}{2m+1}=\sum_{i=0}^{n-m}\binom{i+2m+1}{2m+1}=\binom{m+n+1}{2m+2}$$

于是

$$S_{m,n}=\frac{(n+m+1)!}{(2m+2)(n-m-1)!}$$

□

*也可以直接用均值不等式证明 $E\geqslant 3\sqrt[3]{\frac{a+c}{b+c}\cdot\frac{b+a}{c+a}\cdot\frac{c+b}{a+b}}=3$. ——译者注

测试题 B

1. 若 $4a-3$ 和 $4b-3$ 的和为 2 010,求 $\frac{a}{3}-4$ 和 $\frac{b}{3}-4$ 的和.

解 根据 $4a-3+4b-3=2\ 010$ 得到 $4(a+b)=2\ 016$,于是 $a+b=504$. 因此

$$\frac{a}{3}-4+\frac{b}{3}-4=\frac{a+b}{3}-8=168-8=160$$

□

2. 两组连续的 10 个整数 $1,2,\cdots,10$ 和 $11,12,\cdots,20$ 都从末位数码为 1 的数开始,并且恰好包含 4 个素数. 求下一组这样的连续 10 个数之和.

解 假设下一组这样的数开始于 $10k+1$. 在三元组 $(10k+1,10k+3,10k+5)$ 与 $(10k+5,10k+7,10k+9)$ 之中,分别恰有一个数被 3 整除. 另外,$10k+1,10k+3,\cdots,10k+9$ 中有 4 个素数,因此 $10k+5$ 为 3 的倍数,得到 $k\equiv 1\ (\mathrm{mod}\ 3)$. 在 1 之后,有 $k\in\{4,7,10,\cdots\}$. 若 $k=4$,则 $10k+9=49$ 不是素数. 若 $k=7$,则 $10k+7=77$ 不是素数. 若 $k=10$,我们发现 $101,102,\cdots,110$ 满足要求,因此答案是 1 055. □

3. (a) 求最大的素数 p,使得 p^2 整除 $2\ 009!+2\ 010!+2\ 011!$.

(b) 求满足 (a) 中条件的第二大的素数.

解 (a) 我们有

$$2\ 009!+2\ 010!+2\ 011!=2\ 009!(1+2\ 010+2\ 010\times 2\ 011)=2\ 009!\times 2\ 011^2$$

这个数的所有素因子都不超过 2 011,而 2 011 是素数,因此 $p=2\ 011$.

(b) 根据 (a),我们知道第二大的素因子必然在 2 009! 中. 如果这个素数大于 1 005,那么它在 2 009! 中的幂次为 1. 由于 997 是不超过 1 005 的最大素数,因此满足题目 (a) 中条件的第二大的素数为 997. □

4. 设 $a\geqslant b\geqslant c>0$. 证明

$$(a-b+c)\left(\frac{1}{a}-\frac{1}{b}+\frac{1}{c}\right)\geqslant 1$$

证法一 不等式可以改写为

$$(a+c-b)\left(a+c-\frac{ac}{b}\right)\geqslant ac$$

展开得到

$$(a+c)^2-(a+c)\left(b+\frac{ac}{b}\right)\geqslant 0$$

这等价于 $a+c-b-\frac{ac}{b}\geqslant 0$,因式分解得到

$$(a-b)\left(1-\frac{c}{b}\right)\geqslant 0$$

这显然成立. □

证法二 将不等式两边乘以 abc,变为

$$(a-b+c)(ab-ac+bc)\geqslant abc$$

记 $-b=d<0$,则 $a+d\geqslant 0,c+d\leqslant 0$,我们需要证明

$$(a+d+c)(-ad-ac-dc)\geqslant -adc$$

即

$$(a+d+c)(ad+ac+dc)\leqslant adc$$

注意到

$$(a+d+c)(ad+ac+dc)=(a+c)(a+d)(c+d)+adc$$

所以要证

$$(a+c)(a+d)(c+d)\leqslant 0$$

根据 $a+c\geqslant 0,a+d\geqslant 0,c+d\leqslant 0$,这显然成立. □

5. 求所有的整数 n,使得 $n^2+2\ 010n$ 是完全平方数.

解 设 k 是正整数,满足 $n^2+2\ 010n=k^2$,则有

$$(n+1\ 005)^2=k^2+1\ 005^2$$

利用平方差公式因式分解得到

$$(n+k+1\ 005)(n-k+1\ 005)=1\ 005^2$$

于是 $n-k+1\ 005$ 和 $n+k+1\ 005$ 都是 $1\ 005^2$ 的因子,并且 $n-k+1\ 005<n+k+1\ 005$. 将 $1\ 005^2=3^2\times 5^2\times 67^2$ 写成两个正整数的乘积,得到

$$\begin{cases}n-k+1\ 005=1\\ n+k+1\ 005=1\ 005^2\end{cases},\quad \begin{cases}n-k+1\ 005=3\\ n+k+1\ 005=336\ 675\end{cases}$$

$$\begin{cases} n-k+1\ 005=5 \\ n+k+1\ 005=202\ 005 \end{cases},\quad \begin{cases} n-k+1\ 005=9 \\ n+k+1\ 005=112\ 225 \end{cases}$$

$$\begin{cases} n-k+1\ 005=15 \\ n+k+1\ 005=67\ 335 \end{cases},\quad \begin{cases} n-k+1\ 005=25 \\ n+k+1\ 005=40\ 401 \end{cases}$$

$$\begin{cases} n-k+1\ 005=45 \\ n+k+1\ 005=22\ 445 \end{cases},\quad \begin{cases} n-k+1\ 005=67 \\ n+k+1\ 005=15\ 075 \end{cases}$$

$$\begin{cases} n-k+1\ 005=75 \\ n+k+1\ 005=13\ 467 \end{cases},\quad \begin{cases} n-k+1\ 005=201 \\ n+k+1\ 005=5\ 025 \end{cases}$$

$$\begin{cases} n-k+1\ 005=225 \\ n+k+1\ 005=4\ 489 \end{cases},\quad \begin{cases} n-k+1\ 005=335 \\ n+k+1\ 005=3\ 015 \end{cases}$$

$$\begin{cases} n-k+1\ 005=603 \\ n+k+1\ 005=1\ 675 \end{cases}$$

解这些方程组得到

$$\begin{aligned} n\in\{&134,670,1\ 352,1\ 608,5\ 766,6\ 566,10\ 240,19\ 208,\\ &32\ 670,55\ 112,100\ 000,167\ 334,504\ 008\} \end{aligned}$$

将 $1\ 005^2$ 写成两个负整数的乘积,得到

$$\begin{cases} n-k+1\ 005=-1\ 005^2 \\ n+k+1\ 005=-1 \end{cases},\quad \begin{cases} n-k+1\ 005=-336\ 675 \\ n+k+1\ 005=-3 \end{cases}$$

$$\begin{cases} n-k+1\ 005=-202\ 005 \\ n+k+1\ 005=-5 \end{cases},\quad \begin{cases} n-k+1\ 005=-112\ 225 \\ n+k+1\ 005=-9 \end{cases}$$

$$\begin{cases} n-k+1\ 005=-67\ 335 \\ n+k+1\ 005=-15 \end{cases},\quad \begin{cases} n-k+1\ 005=-40\ 401 \\ n+k+1\ 005=-25 \end{cases}$$

$$\begin{cases} n-k+1\ 005=-22\ 445 \\ n+k+1\ 005=-45 \end{cases},\quad \begin{cases} n-k+1\ 005=-15\ 075 \\ n+k+1\ 005=-67 \end{cases}$$

$$\begin{cases} n-k+1\ 005=-13\ 467 \\ n+k+1\ 005=-75 \end{cases},\quad \begin{cases} n-k+1\ 005=-5\ 025 \\ n+k+1\ 005=-201 \end{cases}$$

$$\begin{cases} n-k+1\ 005=-4\ 489 \\ n+k+1\ 005=-225 \end{cases},\quad \begin{cases} n-k+1\ 005=-3\ 015 \\ n+k+1\ 005=-335 \end{cases}$$

$$\begin{cases} n-k+1\ 005=-1\ 675 \\ n+k+1\ 005=-603 \end{cases}$$

解得

$$n\in\{-506\ 018,-169\ 344,-102\ 010,-57\ 122,-34\ 680,-21\ 218,\\ -12\ 250,-8\ 576,-7\ 776,-3\ 618,-3\ 362,-2\ 680,-2\ 144\}$$

□

6. 求所有的正整数 n,使得存在 n 个连续的整数,它们的平方和为素数.

解 设 k 为整数,p 为素数,满足

$$(k+1)^2+(k+2)^2+\cdots+(k+n)^2=p$$

显然 $n>1$,并且 n 不是 4 的倍数. 若 $p=2$,则有

$$(-1)^2+0^2+1^2=2$$

因此 $n=3$ 是一个解. 若 $p=3$,则没有相应的解. 若 $p>3$,由于

$$\begin{aligned}(k+1)^2+\cdots+(k+n)^2&=nk^2+2k\Big(\sum_{j=1}^{n}j\Big)+\Big(\sum_{j=1}^{n}j^2\Big)\\&=nk^2+2k\cdot\frac{n(n+1)}{2}+\frac{n(n+1)(2n+1)}{6}\\&=\frac{n}{6}[6k^2+6k(n+1)+(n+1)(2n+1)]\end{aligned}$$

我们得到

$$n[6k^2+6k(n+1)+(n+1)(2n+1)]=6p \tag{1}$$

因此 $n\mid 6p$. 若 $\gcd(n,6)=1$,则 $n\mid p$,得到 $n=p$,于是

$$6k^2+6k(p+1)+(p+1)(2p+1)=6 \tag{2}$$

式 (2) 可以整理成关于 p 的二次方程

$$2p^2+3(2k+1)p+(6k^2+6k-5)=0 \tag{3}$$

其判别式必然非负,于是

$$9(2k+1)^2-8(6k^2+6k-5)=-12k^2-12k+49\geqslant 0$$

得出 $k\in\{-2,-1,0,1\}$. 快速检验发现,此时方程 (3) 没有素数解 $p>3$.

若 $\gcd(n,6)=2$,则 $n=2a$,其中正整数 a 满足 $a\mid p$. 代入到式 (1),得到

$$a[6k^2+6k(2a+1)+(2a+1)(4a+1)]=3p$$

若 $a=1$,则 $3(2k^2+6k+5)=3p$,即 $2k^2+6k+5=p$. 当 $k=1$ 时得到 $p=13$,因此 $n=2$ 是一个解. 若 $a=p$,则

$$6k^2+6k(2p+1)+(2p+1)(4p+1)=3 \tag{4}$$

将式 (4) 整理为关于 p 的二次方程得到

$$8p^2+6(2k+1)p+2(3k^2+3k-1)=0 \tag{5}$$

其判别式非负,即

$$9(2k+1)^2-16(3k^2+3k-1)=-12k^2-12k+25\geqslant 0$$

得到 $k\in\{-2,-1,0,1\}$. 快速检验发现,方程 (5) 没有素数解 $p>3$.

若 $\gcd(n,6)=3$,则 $n=3a$,$a=1$ 或 p. 代入到式 (1),得到

$$a[6k^2+6k(3a+1)+(3a+1)(6a+1)]=2p$$

因为已经知道 $n=3$ 是一个解,因此只需考虑 $a=p$ 的情形,于是

$$6k^2+6k(3p+1)+(3p+1)(6p+1)=2 \tag{6}$$

将式 (6) 改写为关于 p 的二次方程得到

$$18p^2+9(2k+1)p+6k^2+6k-1=0 \tag{7}$$

因为其判别式非负,所以有

$$81(2k+1)^2-72(6k^2+6k-1)=9(-12k^2-12k+17)\geqslant 0$$

解出 $k \in \{-1, 0\}$. 快速检验发现,方程 (7) 没有素数解 $p > 3$.

最后,若 $\gcd(n, 6) = 6$,则 $n = 6a, a = 1$ 或 p. 代入到式 (1),得到

$$a[6k^2 + 6k(6a + 1) + (6a + 1)(12a + 1)] = p$$

若 $a = 1$,则 $6k^2 + 42k + 91 = p$,取 $k = 1$ 得到 $p = 139$ 是素数,因此 $n = 6$ 是一个解. 若 $a = p$,则得到

$$6k^2 + 6k(6p + 1) + (6p + 1)(12p + 1) = 1 \tag{8}$$

将式 (8) 写成关于 p 的二次方程

$$12p^2 + 3p(2k + 1) + k^2 + k = 0 \tag{9}$$

因为其判别式非负,所以有

$$9(2k + 1)^2 - 48(k^2 + k) = 3(-4k^2 - 4k + 3) \geqslant 0$$

解出 $k \in \{-1, 0\}$. 快速检验发现,方程 (9) 没有素数解 $p > 3$.

综上所述,有 $n \in \{2, 3, 6\}$. □

7. 求所有的正整数对 (x, y),满足

$$x^2 + y^2 + 33^2 = 2\,010\sqrt{x - y}$$

解 显然 $x - y = n^2$,n 是某正整数. 于是 $x^2 + y^2 = n^4 + 2xy$,代入方程得到

$$n^4 + 2xy + 33^2 = 2\,010n$$

于是 $2xy = 2\,010n - n^4 - 33^2$. 因此 n 是奇数,并且 $2\,010n - n^4 - 33^2 \geqslant 2$,得到 $1 \leqslant n \leqslant 12$. 对于 $n \in \{1, 3, 5, 7, 9, 11\}$,我们分别得到如下方程组

$$\begin{cases} x - y = 1 \\ xy = 460 \end{cases}, \quad \begin{cases} x - y = 9 \\ xy = 2\,430 \end{cases}, \quad \begin{cases} x - y = 25 \\ xy = 4\,168 \end{cases}$$
$$\begin{cases} x - y = 49 \\ xy = 5\,290 \end{cases}, \quad \begin{cases} x - y = 81 \\ xy = 5\,220 \end{cases}, \quad \begin{cases} x - y = 121 \\ xy = 3\,190 \end{cases}$$

其中只有第二个方程组有整数解,为 $(x, y) = (54, 45)$. □

8. 在四边形 $ABCD$ 中，对角线 AC 和 BD 相交于 O. 设 P,Q,R,S 分别为 O 到 AB,BC,CD,DA 的投影. 证明

$$PA\cdot AB+RC\cdot CD=\frac{1}{2}(AD^2+BC^2)$$

当且仅当

$$QB\cdot BC+SD\cdot DA=\frac{1}{2}(AB^2+CD^2)$$

证明 设 M 是线段 OB 的中点. 考察点 A 到以 OB 为直径的圆的幂，得到 $AP\cdot AB=AM^2-BM^2$. 根据斯图尔特定理，有

$$AM^2-BM^2=\frac{2AB^2+2AO^2-BO^2}{4}-\frac{BO^2}{4}=\frac{AB^2+AO^2-BO^2}{2}$$

类似地，可以计算 $RC\cdot CD$，于是题目中的第一个等式等价于

$$\frac{AB^2+AO^2-BO^2}{2}+\frac{CD^2+CO^2-OD^2}{2}=\frac{AD^2+BC^2}{2}$$

整理得到等价的表达式

$$AB^2+CD^2-AD^2-BC^2=BO^2+DO^2-AO^2-CO^2 \tag{1}$$

类似地，若 N 是线段 OC 的中点，则考虑点 B 到以 OC 为直径的圆的幂，然后利用斯图尔特定理，得到

$$BQ\cdot BC=BN^2-ON^2=\frac{BC^2+BO^2-CO^2}{2}$$

类似地

$$SD\cdot DA=\frac{AD^2+DO^2-AO^2}{2}$$

于是题目中第二个等式等价于

$$AB^2+CD^2-AD^2-BC^2=BO^2+DO^2-AO^2-CO^2$$

和式 (1) 相同，这样就完成了证明. □

9. 求所有的三元实数组 (x,y,z)，满足

$$x^2+y^2+z^2+1=xy+yz+zx+|x-2y+z|$$

解 将题目中的方程两边乘以 2 并配方,得到

$$(x-y)^2+(y-z)^2+(z-x)^2+2=2|x-y+z-y|$$

根据三角不等式得到

$$(x-y)^2+(y-z)^2+(z-x)^2+2\leqslant 2|x-y|+2|y-z|$$

再次配方得到

$$(|x-y|-1)^2+(|y-z|-1)^2+(z-x)^2\leqslant 0$$

因此 $|x-y|=1,|y-z|=1$ 并且 $x=z$.

满足条件的三元实数组 (x,y,z) 为 $(a,a-1,a)$ 或者 $(a,a+1,a)$,其中 $a\in\mathbb{R}$. 容易验证这些三元实数组确实满足题目中的等式. □

10. 在 $\triangle ABC$ 中,P 是内部一点,直线 PA,PB,PC 分别和 BC,CA,AB 交于 A',B',C'. 证明

$$\frac{BA'}{BC}+\frac{CB'}{CA}+\frac{AC'}{AB}=\frac{3}{2}$$

当且仅当 $\triangle PAB,\triangle PBC,\triangle PCA$ 中有两个的面积相同.

证明 注意到

$$\frac{BA'}{BC}=\frac{[ABA']}{[ABC]}=\frac{[PBA']}{[PBC]}=\frac{[ABA']-[PBA']}{[ABC]-[PBC]}=\frac{[PAB]}{[PAB]+[PAC]}$$

设 $[PAB]=x,[PBC]=y,[PCA]=z$,则题目条件等价于

$$\frac{x}{z+x}+\frac{y}{x+y}+\frac{z}{y+z}=\frac{3}{2} \tag{1}$$

利用

$$\left(\frac{x}{z+x}+\frac{y}{x+y}+\frac{z}{y+z}\right)+\left(\frac{x}{x+y}+\frac{y}{y+z}+\frac{z}{z+x}\right)=3$$

得式 (1) 等价于

$$\sum_{\text{cyc}}\left(\frac{x}{x+y}-\frac{x}{z+x}\right)=0$$

通分并计算得到等价的式子

$$\frac{(x-y)(z-y)(z-x)}{(x+y)(y+z)(z+x)}=0$$

此式成立,当且仅当 $x=y$ 或者 $y=z$ 或者 $z=x$,即 $\triangle PAB,\triangle PBC,\triangle PCA$ 中有两个的面积相同. □

测试题 C

1. 使用 $0,1,\cdots,9$ 每个数码一次，构成两个五位数，使得它们的差为最小的可能值.

解 设 $N=\overline{abcde}, M=\overline{xyztu}$ 为这两个五位数. 不妨设 $N>M$，则

$$N-M=10\,000(a-x)+1\,000(b-y)+100(c-z)+10(d-t)+(e-u)$$

为了使差最小，必然有 $a-x=1$. 接下来需要使 $b-y$ 最小，因为 $b-y\geqslant -9$，所以若 $b=0, y=9$，则可以得到 $b-y=-9$. 现在要使 $c-z$ 最小，可以取 $c=1, z=8$，从而 $c-z=-7$. 接下来取 $d=2, t=7$ 得 $d-t=-5$，取 $e=3$，$u=6$，得 $e-u=-3$. 最后恰好可以取 $a=5, x=4$，满足 $a-x=1$. 最终得到

$$50\,123-49\,876=247$$

□

2. 计算和

$$1+2+3-4-5+6+7+8-9-10+\cdots-2\,010$$

其中每三个连续的"+"后接着两个"−".

解 计算一般的连续 5 项为

$$5k+1+5k+2+5k+3-5k-4-5k-5=5k-3$$

因此最终求和为

$$\sum_{k=0}^{401}(5k-3)=5\times\frac{401\times 402}{2}-3\times 402=401\,799$$

□

3. 在求和式

$$\begin{array}{r} A \\ B \\ CD \\ EF \\ +\quad GH \\ \hline XY \end{array}$$

中，不同的字母代表不同的数字，不允许首位为 0. 求 X 和 Y.

解 首先注意到

$$XY = A + B + CD + EF + GH \leqslant 98$$

以及

$$XY \geqslant 6 + 7 + 10 + 24 + 35 = 82$$

因此 $X \in \{8,9\}$.

*其次注意到整数模 9 同余于它的数码和,因此

$$\begin{aligned} X + Y \equiv XY &= A + B + CD + EF + GH \\ &\equiv A + B + C + D + E + F + G + H \pmod 9 \end{aligned}$$

于是 $2(X + Y) \equiv 0 + 1 + \cdots + 9 \equiv 45 \equiv 0 \pmod 9$,得到 $XY = 81$ 或 90.

若 $XY = 81$,则有方程

$$A + B + C + D + E + F + G + H = 36$$

$$A + B + D + F + H + 10(C + E + G) = 81$$

因此 $C + E + G = \frac{81-36}{9} = 5$,但是 $C + E + G \geqslant 1 + 2 + 3 = 6$,所以此时无解.

若 $XY = 90$,则有方程

$$A + B + C + D + E + F + G + H = 36$$

$$A + B + D + F + H + 10(C + E + G) = 90$$

因此 $C + E + G = \frac{90-36}{9} = 6$,解得

$$\{C, E, G\} = \{1,2,3\}, \quad \{A, B, D, F, H\} = \{4,5,6,7,8\}$$

因此,答案为 $X = 9$,$Y = 0$. □

4. 求所有的四位数 n,其数码和等于 $2\,010 - n$.

解 由于 $1 \leqslant 2\,010 - n \leqslant 36$,因此 $1\,974 \leqslant n \leqslant 2\,009$,有两种情况:

(i) 若 $n = \overline{19cd}$,则 $2\,010 - \overline{19cd} = 10 + c + d$,即

$$110 - 10c - d = 10 + c + d$$

得到 $11c + 2d = 100$. 由于 $2d \leqslant 18$,因此 $c \geqslant 8$. 又因为 c 是偶数,所以 $c = 8$,$d = 6$,于是 $n = 1\,986$.

*英文原版中得解答有误,此处修改为更简短的方法. ——译者注

(ii) 若 $n=\overline{20cd}$,则 $2\,010-\overline{20cd}=2+c+d$,即

$$10-10c-d=2+c+d$$

得到 $11c+2d=8$. 因此 $c=0,d=4,n=2\,004$.

综上所述,有 $n\in\{1\,986,2\,004\}$. □

5. 集合 A 由 7 个小于 2 010 的连续的正整数构成,集合 B 由 11 个连续的正整数构成. 如果集合 A 的元素之和等于集合 B 的元素之和,那么 A 中包含的最大可能数是什么?

解 设 $A=\{a-3,a-2,\cdots,a+3\}$, $B=\{b-5,b-4,\cdots,b+5\}$, 其中 a,b 是正整数, $2\,006\geqslant a>3$, $b>5$. A 中的元素之和为 $7a$, 而 B 中的元素之和为 $11b$, 因此有 $7a=11b$. 由于 $\gcd(7,11)=1$, 因此 $7\mid b$, 记 $b=7k$, k 是正整数. 于是 $a=11k$, 并且 $11k\leqslant 2\,006$, 得出 $k\leqslant 182$. 因此 A 中的最大可能的数是 $11\times 182+3=2\,005$. □

6. 设整数 n 满足 $2n^2$ 恰好有 28 个不同的正因子,$3n^2$ 恰好有 24 个不同的正因子. $6n^2$ 有多少个不同的正因子?

解 设 $n=2^{\alpha}\times 3^{\beta}\times p_1^{\alpha_1}\times\cdots\times p_k^{\alpha_k}$,并且记

$$E=(2\alpha_1+1)(2\alpha_2+1)\cdots(2\alpha_k+1)$$

根据假设,有

$$(2\alpha+2)(2\beta+1)E=28,\quad (2\alpha+1)(2\beta+2)E=24$$

因此 $(\alpha+1)\mid 14$,并且 $(2\alpha+1)\mid 24$,得 $(2\alpha+1)\in\{1,3\}$,于是 $\alpha\in\{0,1\}$.

若 $\alpha=0$,则 $(2\beta+1)E=14$,$(\beta+1)E=12$. 于是

$$\frac{2\beta+1}{\beta+1}=\frac{14}{12}=\frac{7}{6}\ \Rightarrow\ 7\beta+7=12\beta+6$$

显然无整数解.

若 $\alpha=1$,则 $(2\beta+1)E=7$,$(2\beta+2)E=8$. 于是

$$\frac{2\beta+1}{2\beta+2}=\frac{7}{8}\ \Rightarrow\ \beta=3,E=1$$

因此 $6n^2$ 的因子数为

$$(2\alpha+2)(2\beta+2)E=4\times 8=32$$

□

7. 证明:在一个直角三角形中,直角的平分线平分斜边上的中线和高形成的角.

证明 设 $\triangle ABC$ 是直角三角形,$\angle A=90^\circ$. 斜边 BC 的中点是三角形的外心,记为 O. 于是有

$$\angle OAB=\angle OBA=90^\circ-\angle OCA$$

设 H 为从 A 引出的高的垂足,D 为从 A 引出的角平分线与 BC 的交点. 于是有

$$\angle HAC=90^\circ-\angle HCA=90^\circ-\angle OCA=\angle OAB$$

于是

$$\angle DAH=\angle DAC-\angle HAC=\angle DAB-\angle OAB=\angle DAO$$

□

8. 求所有的整数 n,使得 $9n+16$ 和 $16n+9$ 都是完全平方数.

解法一 设 $9n+16=a^2$,$16n+9=b^2$,其中 a 和 b 是非负整数,则有

$$16a^2-9b^2=256-81=175$$

因式分解得到

$$(4a-3b)(4a+3b)=175$$

由于 $175=5^2\times 7$ 并且 $4a-3b<4a+3b$,因此有如下可能

$$\begin{cases}4a-3b=1\\4a+3b=175\end{cases},\quad\begin{cases}4a-3b=5\\4a+3b=35\end{cases},\quad\begin{cases}4a-3b=7\\4a+3b=25\end{cases}$$

解这些方程组,得到 $(a,b)\in\{(4,3),(5,5),(22,29)\}$,于是 $n\in\{0,1,52\}$. □

解法二 若 $9n+16$ 和 $16n+9$ 都是完全平方数,则 $n\geqslant 0$,并且

$$p_n=(9n+16)(16n+9)=(12n)^2+(9^2+16^2)n+12^2$$

为完全平方数. 由于

$$(12n+12)^2\leqslant(12n)^2+(9^2+16^2)n+12^2<(12n+15)^2$$

其中等号仅在 $n=0$ 时成立. 因此若 $n>0$,必然有 $p_n=(12n+13)^2$ 或者 $p_n=(12n+14)^2$. 前者解出 $n=1$,后者解出 $n=52$.

反之,容易验证 $n=0,1,52$ 都满足题目要求. □

9. 是否存在整数 n，使得三个数 $n+8, 8n-27, 27n-1$ 中恰有两个是完全立方数？

解 前 16 个正完全立方数为

$$1, 8, 27, 64, 125, 216, 343, 512, 729, 1\ 000, 1\ 331,$$

$$1\ 728, 2\ 197, 2\ 744, 3\ 375, 4\ 096,$$

若两个完全立方数中的一个的绝对值超过 4 096，则它们的差显然超过 $4\ 096 - 3\ 375 = 721$.

假设 $8n-27=u^3, 27n-1=v^3$ 都为完全立方数. 此时有 $(2v)^3-(3u)^3=27^2-8=721$. 现在 721 为两个完全立方数的差，检验上面的完全立方数发现，可能的两个完全立方数为 $(4\ 096, 3\ 375), (729, 8), (-8, -729)$ 以及 $(-3\ 375, -4\ 096)$，分别得出 $2v=16, 9, -2, -15$ 以及 $3u=15, 2, -9, -16$；得到整数解 $(u,v)=(5,8)$ 以及 $(u,v)=(-3,-1)$，于是得到 $n=19$ 和 $n=0$. 此时有 $n+8=3^3$ 或 2^3 都是完全立方数. 因此，只要 $8n-27$ 和 $27n-1$ 都是完全立方数，则 $n+8$ 也是完全立方数.

类似地，若 $n+8=w^3$ 和 $8n-27=u^3$ 为完全立方数，则 $(2w)^3-u^3=91$ 为两个完全立方数的差，得到 $(w,u)=(2,-3)$ 或 $(3,5)$，进而 $n=0,19$，发现 $27n-1$ 也是完全立方数.

若 $n+8=w^3$ 和 $27n-1=v^3$ 为完全立方数，则 $(3w)^3-v^3=217$ 为两个完全立方数的差，得到 $(w,v)=(2,-1),(3,8)$，$n=0,19$，于是 $8n-27$ 也是完全立方数.

综上所述，三个数中或者最多一个为完全立方数，或者三个均为完全立方数，因此不存在满足题目要求的 n. □

10. 在四边形 $ABCD$ 中，$\angle B=\angle C=120°$，并且

$$AD^2=AB^2+BC^2+CD^2$$

证明：$ABCD$ 有一个内切圆.

证明 * 设 $T=AB\cap CD$. 记 $AB=x, BC=y, CD=z, DA=t$. 根据题目中的条件得到 $BT=CT=BC=y$. 在 $\triangle ATD$ 中应用余弦定理，得到

$$(x+y)^2+(z+y)^2-(x+y)(z+y)=t^2=x^2+y^2+z^2$$

*英文原版中的证法一叙述不完整，此证明为英文原版中的证法二. ——译者注

其中最后一步用到题目中的条件,化简得到 $xy+zy=xz$. 因此

$$t^2=x^2+y^2+z^2=x^2+y^2+z^2+2xy+2zy-2xz=(x+z-y)^2$$

于是 $x+z=y+t$,这说明 $ABCD$ 有内切圆. □

2011 年入学测试题解答

测试题 A

1. 使用 $0,1,\cdots,9$ 每个数码一次，构成三个数，使得它们的和 S 最小. 求最小的 S.

解 答案是 $1\ 674=1\ 047+258+369$.

若至少有两个四位数，则 $S\geqslant 1\ 000+2\ 000=3\ 000$，显然不会更小. 因此可以假设有一个四位数(最高位为 1)，以及两个三位数. 剩余有九个数码，其中三个乘以 100，三个乘以 10，三个乘以 1，然后求和并加上 1 000，则得到 S. 显然将较小的数对应较大的系数相乘求和会使 S 最小，0 可以出现在四位数中的百位，因此所得的最小的 S 为

$$9+8+7+40+50+60+1\ 000+200+300=1\ 674$$

□

2. 计算

$$\left(1-\frac{2\ 011}{2}\right)\left(1-\frac{2\ 011}{3}\right)\cdots\left(1-\frac{2\ 011}{2\ 010}\right)$$

解 直接计算得到此式为

$$\frac{-2\ 009}{2}\times\frac{-2\ 008}{3}\times\cdots\times\frac{-1}{2\ 010}=(-1)^{2\ 009}\times\frac{2\ 009!}{2\ 010!}=-\frac{1}{2\ 010}$$

□

3. 求所有的素数 p，使得 $2\ 011p+8$ 是两个连续奇数的乘积.

解 记 $2\ 011p+8=(2k-1)(2k+1)$，k 为正整数，则 $2\ 011p=4k^2-9$，即

$$(2k-3)(2k+3)=2\ 011p$$

注意到 2 011 为素数,$2k-3<2k+3$,因此有如下可能

$$\begin{cases}2k-3=1\\2k+3=2\ 011p\end{cases},\quad\begin{cases}2k-3=p\\2k+3=2\ 011\end{cases},\quad\begin{cases}2k-3=2\ 011\\2k+3=p\end{cases}$$

第一个方程组给出 $2\ 011p=7$,无解. 第二个方程组给出 $p=2\ 005$,不是素数. 第三个方程组给出 $p=2\ 017$,是素数. 因此答案为 $p=2\ 017$. □

4. 有多少小于 2 011 的正整数被 5 和 6 整除,但是不被 7 或 8 整除?

解 有 $\left\lfloor\frac{2\ 010}{30}\right\rfloor=67$ 个小于 2 010 的正整数被 30 整除,即

$$30\times1,\ 30\times2,\ \cdots,\ 30\times67$$

由于 30 和 7 互素,因此其中恰有 $\left\lfloor\frac{67}{7}\right\rfloor=9$ 个数为 7 的倍数. 其中被 8 整除的数的个数为 $\left\lfloor\frac{67}{4}\right\rfloor=16$. 其中有 $\left\lfloor\frac{67}{4\times7}\right\rfloor=2$ 个同时被 7 和 8 整除. 根据容斥原理,满足题目要求的正整数的个数为 $67-(9+16-2)=44$. □

5. 证明:在任意 5 个完全平方数中,存在差被 12 整除的两个数.

证明 注意到完全平方数模 12 的余数只能是 0,1,4,9 中的一个,因此根据抽屉原理,在任意 5 个完全平方数中,存在两个模 12 的余数相同. □

6. 设 $\triangle ABC$ 中 $\angle A=90°$,P 在斜边 BC 上. 证明

$$\frac{AB^2}{PC}+\frac{AC^2}{PB}\geqslant\frac{BC^3}{PA^2+PB\cdot PC}$$

证明 设 $AC=b,BC=a,AB=c,PC=x$. 根据斯图尔特定理,有

$$a(PA^2+PB\cdot PC)=PC\cdot AB^2+PB\cdot AC^2$$

因此只需证明

$$\frac{c^2}{x}+\frac{b^2}{a-x}\geqslant\frac{a^4}{xc^2+(a-x)b^2}$$

即

$$\frac{c^2}{x}+\frac{b^2}{a-x}\geqslant\frac{b^4+c^4+2b^2c^2}{xc^2+(a-x)b^2}$$

这等价于

$$\frac{(c^2)^2}{xc^2}+\frac{(b^2)^2}{(a-x)b^2}\geqslant\frac{b^4+c^4+2b^2c^2}{xc^2+(a-x)b^2}\tag{1}$$

由权方和不等式可得式 (1) 成立. □

7. 求所有的正整数 n，使得 $(n-2)!+(n+2)!$ 是完全平方数.

解 注意到

$$(n-2)!+(n+2)!=(n-2)!\cdot(n^2+n-1)^2$$

因此若 $(n-2)!+(n+2)!$ 是完全平方数，则 $(n-2)!$ 也是完全平方数.

若 $n=2$ 或 3，则 $(n-2)!=1$，因此 $n=2$ 和 $n=3$ 是解.

若 $n \geqslant 4$，则考虑不超过 $n-2$ 的最大的素数 p. 若 $2p \leqslant n-2$，则根据贝特朗假设，在 p 和 $2p$ 之间存在素数 q，这与 p 的最大性矛盾. 因此 $1,2,\cdots,n-2$ 中只有一个 p 的倍数，即 p 本身. 于是在 $(n-2)!$ 的素因子分解式中，p 的幂次为 1，这说明 $(n-2)!$ 不是完全平方数.

因此 $n=2$ 和 $n=3$ 是所有的解. □

8. 证明：任意平行四边形都可以分割成 2 011 个圆内接四边形.

证明 如图 1 所示，利用一组对边上的两条垂线可以将平行四边形分成一个矩形和两个直角梯形，并且直角梯形的上底很小. 作每个直角梯形斜腰上的一条垂线与高相交，将直角梯形分成两个四边形，各有一组对角为直角，因此这两个四边形是圆内接四边形. 接下来将矩形用一组对边上的多条垂线分成 2 007 个矩形. 这样一共得到 2 011 个圆内接四边形.

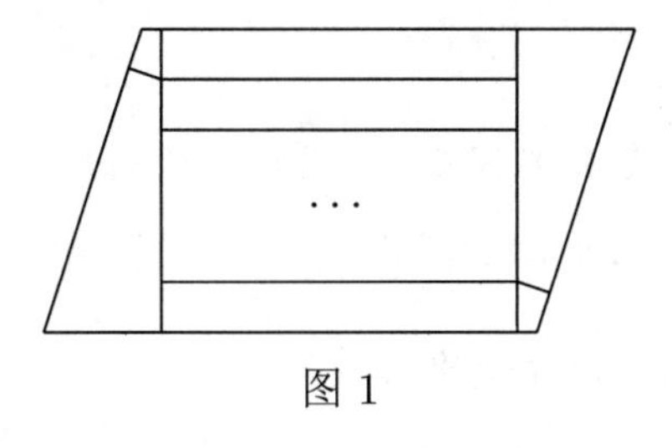

图 1

□

9. 是否存在不同的素数 p,q,r，使得 qr 整除 p^2+11，rp 整除 q^2+11，pq 整除 r^2+11？若将 11 换成 10，则答案如何？

解 不妨设 $p<q<r$. 由于 $r\mid(q^2+11)$ 且 $r\mid(p^2+11)$，因此 $r\mid(q^2-p^2)$，即 $r\mid(q-p)(q+p)$. 由于 $r>q>q-p$，因此 $r\mid(q+p)$. 另外，因为 $2r>q+p$，所以 $r=q+p$. 若 $p>2$，则 $q+p=r$ 为偶数，并且大于 2，故 r 不可能是素数. 因此 $p=2$. 现在 $qr\mid(p^2+11)=15$，因此 $q=3,r=5$. 可以验证这是题目的解.

若将 11 换成 10，重复上述过程，我们得到 $p=2,qr\mid 14,q=2,r=7$ 不符合要求. □

10. 求所有的整数 $n \geqslant 2$,使得 $\sqrt[n]{3^n+4^n+5^n+8^n+10^n}$ 是整数.

解 注意到根号下的数为偶数,最后得到的数也是偶数. 这说明

$$2^n \mid (3^n+4^n+5^n+8^n+10^n)$$

即 $2^n \mid (3^n+5^n)$.

若 n 是偶数,则 $3^n \equiv 1 \pmod 4$,$5^n \equiv 1 \pmod 4$,得出 $3^n+5^n \equiv 2 \pmod 4$,因此 $2^n \nmid (3^n+5^n)$,无解.

若 n 是奇数,则

$$3^n+5^n=(3+5)(3^{n-1}+3^{n-2}\times 5+\cdots+5^{n-1})$$

右端第二个式子是 n 个奇数的和,为奇数,于是整除 3^n+5^n 的 2 的最高次幂为 2^3,所以我们只需验证 $n=3$. 此时我们得到

$$3^3+4^3+5^3+8^3+10^3=1\ 728=12^3$$

因此答案为 $n=3$. □

测试题 B

1. 求最大的正整数 n,满足如下性质:n 的所有数码都非零,并且从左到右每连续三个数码形成的三位数都是完全平方数.

解 所有的数码都非零的三位完全平方数为

$$121, 144, 169, 196, 225, 256, 289, 324, 361, 441$$

$$484, 529, 576, 625, 676, 729, 784, 841, 961$$

这些数中可以连续出现在某个多位数中的数对有

$$(144, 441), (225, 256), (196, 961), (484, 841), (625, 256), (784, 841)$$

由于没有 41,56,61 开始的三位完全平方数,因此 n 最大为四位数. 满足题目条件的最大的正整数为 $n=7\ 841$. □

2. 求可以写成 $432\times 0.ab5\ ab5\cdots$ 形式的所有整数,其中 a 和 b 是不同的数码.

解 设 $A = 0.ab5\ ab5\cdots$,则 $1\ 000A = ab5.ab5\cdots$,相减得到 $999A = \overline{ab5}$. 因此 $432 \times \frac{\overline{ab5}}{999}$ 是整数,化简后得到

$$\frac{2^4 \times \overline{ab5}}{37} \in \mathbb{N} \ \Rightarrow \ 37 \mid \overline{ab5}$$

由于 $5 \mid \overline{ab5}$,因此 $37 \times 5 = 185$ 能整除 $\overline{ab5}$. 由于 $185 \times 7 = 1\ 295 > \overline{ab5}$,因此有 $\overline{ab5} \in \{185, 185 \times 3, 185 \times 5\} = \{185, 555, 925\}$. 由于 a 和 b 是不同的数码,因此 $\overline{ab5} \in \{185, 925\}$. 最终得到

$$\frac{2^4 \times \overline{ab5}}{37} \in \{80, 400\}$$

□

3. 求所有的素数 p,使得 $2\ 011p = 2 + 3 + 4 + \cdots + n$ 对某个正整数 n 成立.

解 将题目中的等式两边同时加 1,利用等差数列求和公式得到

$$2\ 011p + 1 = \frac{n(n+1)}{2}$$

等价于

$$n^2 + n - 2(2\ 011p + 1) = 0$$

若方程有正整数解,则其判别式为完全平方数. 设 $k \in \mathbb{N}$,使得

$$1 + 8(2\ 011p + 1) = k^2 \ \Rightarrow \ (k-3)(k+3) = 8 \times 2\ 011p$$

显然 $k > 3$,$k - 3$ 和 $k + 3$ 是 $8 \times 2\ 011p$ 的差为 6 的两个因子,因此均为偶数. 设 $k - 3 = 2a$,$k + 3 = 2(a+3)$,于是 $a(a+3) = 2 \times 2\ 011p$. 注意到 2 011 为素数,可能的情况为 $a \in \{2\ 011, p, 2 \times 2\ 011, 2p\}$,分别得到 $p \in \{1\ 007, 4\ 019, 4\ 025, 1\ 004\}$,其中只有 $p = 4\ 019$ 为素数. 因此答案为 $p = 4\ 019$. □

4. 若正整数的十进制表达式中至少有两位数码,并且从左到右严格递减,则称这个整数为"递降数". 问有多少递降数?

解 注意到每个递降数都对应于 9 876 543 210 的一部分,且数码按现有顺序排列,除了一位数. 因此答案为

$$\binom{10}{2} + \cdots + \binom{10}{10} = 2^{10} - 10 - 1 = 1\ 013$$

□

5. 一个平行四边形的边长为整数,对角线长为 40 和 42,求它的面积.

解 设这个平行四边形为 $ABCD$,其中 $AC=40$,$BD=42$. 因为平行四边形的所有边长的平方和等于对角线长的平方和,因此

$$2(20^2+21^2)=AD^2+AB^2$$

不妨设 $AD\leqslant AB$,于是

$$41^2=2(20^2+21^2)-1\geqslant AB^2\geqslant 20^2+21^2=29^2$$

即 $AB\in\{29,30,31,\cdots,41\}$. 利用关系式

$$2(20^2+21^2)=AD^2+AB^2$$

代入 AB 的可能值,并验证 AD^2 是否为完全平方数.发现可能的解为 $(AB,AD)=(29,29)$ 或者 $(AB,AD)=(41,1)$. 在第二种情况下 $\triangle ABD$ 的边长分别为 41,42,1,矛盾. 因此 $AB=AD=29$. 于是 $ABCD$ 为菱形,$AC\perp BD$,于是 $ABCD$ 的面积为 $\frac{1}{2}\times 40\times 42=840$. □

6. 求所有的素数 $q_1,q_2,\cdots,q_5$,使得 $q_1^4+q_2^4+\cdots+q_5^4$ 是两个连续偶数的乘积.

解 若 q 是偶数,则 $q^4\equiv 0\pmod{16}$. 若 $q=4a\pm 1$ 是奇数,则

$$(4a\pm 1)^4=4^4a^4\pm 4^4a^3+6\times 4^2a^2\pm 4^2a+1\equiv 1\pmod{16}$$

因此 $q_1^4+q_2^4+q_3^4+q_4^4+q_5^4\equiv m\pmod{16}$,其中 m 是 q_i 中奇数的个数. 对于任意两个连续的偶数,其中一个为 4 的倍数,另一个为 2 的倍数,但不是 4 的倍数. 因此二者的乘积为 8 的倍数. 于是 $m\equiv 0\pmod 8$. 由于 $m\leqslant 5$,因此 $m=0$,于是所有的素数 q_i 都为偶数,必然都是 2. 此时

$$q_1^4+q_2^4+q_3^4+q_4^4+q_5^4=5\times 2^4=80=8\times 10$$

确实是两个连续偶数的乘积. 因此本题的唯一解为 $q_1=q_2=\cdots=q_5=2$. □

7. 在 $\triangle ABC$ 中,$\angle A=30°$,M 是 AB 中点,$\angle BMC=45°$. 求 $\angle C$.

解法一 我们可以马上发现 $\angle MCA=15°$. 设 $\angle MCB=\alpha$,则 $\angle B=135°-\alpha$. 在 $\triangle BMC$ 和 $\triangle AMC$ 中运用正弦定理,得到

$$\frac{MC}{MB}=\frac{\sin(135°-\alpha)}{\sin\alpha}=\frac{\sin 30°}{\sin 15°}$$

现在 $\sin(135^\circ-\alpha)=\sin(45^\circ+\alpha)$,于是

$$\frac{\sin(45^\circ+\alpha)}{\sin\alpha}=\frac{\sin 30^\circ}{\sin 15^\circ} \Rightarrow \frac{\sin\alpha+\cos\alpha}{\sqrt{2}\sin\alpha}=\frac{\sin 30^\circ}{\sin 15^\circ}$$

因此

$$1+\cot\alpha=\frac{\sqrt{2}\sin 30^\circ}{\sin 15^\circ}=\frac{1}{2\cos 45^\circ\sin 15^\circ}=\frac{1}{\sin 60^\circ-\sin 30^\circ}=\sqrt{3}+1$$

于是 $\cot\alpha=\sqrt{3}$,即 $\tan\alpha=\frac{\sqrt{3}}{3}$,得出 $\alpha=30^\circ$. 然后有

$$\angle C=15^\circ+30^\circ=45^\circ$$

□

解法二 设 C' 为 CM 的垂直平分线和 AC 的交点. 显然 $\angle MC'A=30^\circ$,因此

$$MA=MC'=MB=CC'$$

因此 $\angle AC'B=90^\circ$. 由于 $\angle MAC'=30^\circ$, 因此 $BC'=MB=CC'$, 于是 $\angle ACB=45^\circ$. □

8. 求所有的正整数 n,使得方程 $x^3+y^3=n!+4$ 有整数解.

解 若 $n\geqslant 6$,则 $x^3+y^3-4=n!$ 被 9 整除. 但是 x^3 和 y^3 模 9 均属于 $\{0,\pm1\}$,因此 $x^3+y^3-4\equiv 3,4,5,6,7 \pmod 9$,矛盾.

若 $n\in\{1,2\}$,则 $x^3+y^3\in\{5,6\}$,模 9 无解.

若 $n=3$,则 $x^3+y^3=10$,得出 $x^3+y^3\equiv 3 \pmod 7$. 由于 x^3 和 y^3 模 7 属于 $\{0,\pm1\}$,因此 $x^3+y^3\equiv 0,1,2,5,6 \pmod 7$,矛盾.

若 $n=4$,则 $x^3+y^3=28$,有解 $(x,y)\in\{(3,1),(1,3)\}$.

若 $n=5$,则 $x^3+y^3=124$,有解 $(x,y)\in\{(5,-1),(-1,5)\}$.

综上所述,$n\in\{4,5\}$. □

9. 设 A 和 B 为半圆上的点,C 为圆心,MN 为直径,$AC\perp BC$. $\triangle ABC$ 的外接圆与 MN 交于另一点 P. 证明:$(AP-BP)^2=2CP^2$.

证明 设 AP 与圆交于另一点 $Q\neq A$. 不妨设 $P\in CN$, 如图 2 所示. 由于 $\angle CBA=\angle CAB$,而且四边形 $ABPC$ 内接于圆,因此有 $\angle APC=\angle ABC=45^\circ$. 进一步,$\angle APB=90^\circ$,因此 $\angle BPN=90^\circ-\angle APC=45^\circ$. 因此 Q 是 B 关于 MN 的反射点,于是 $PQ=PB$. 现在,$AP\cdot BP=AP\cdot PQ=R^2-CP^2$,$R=\frac{MN}{2}$ 为圆的半径.

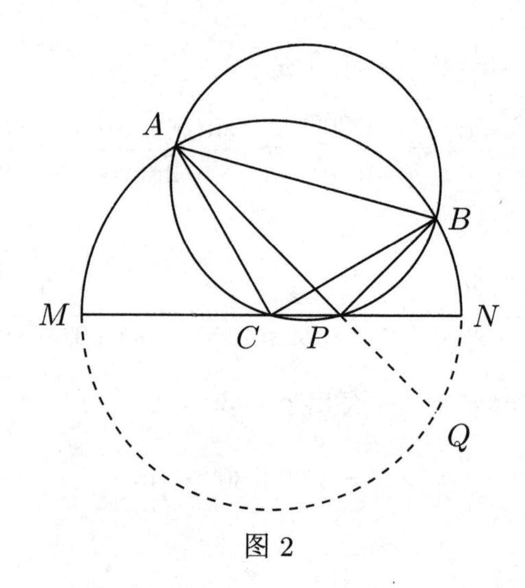

图 2

因此

$$
\begin{aligned}
(AP-BP)^2 &= AP^2+BP^2-2AP\cdot BP\\
&= AP^2+BP^2-2R^2+2CP^2\\
&= AB^2-2R^2+2CP^2
\end{aligned}
$$

在 $\triangle ABC$ 中应用勾股定理有 $2R^2=AB^2$,这样就完成了证明.

注 若 P 在 M 和 C 之间,则有 $\angle APC=180^\circ-\angle ABC=135^\circ$ 以及 $\angle BPN=\angle APC-90^\circ=45^\circ$. □

10. 设正整数 n 满足 2^n 的最左面的三个数码与 5^n 的最左面的三个数码相同,求这三个数码.

解 *假设两个数最左边的三个数码按顺序构成的三位数为 x. 假设 2^n 是 k 位数,5^n 是 m 位数. 容易验证当 2^n 为 3 位数时不满足条件,因此有

$$x\cdot 10^{k-3}<2^n<(1+x)10^{k-3},\quad x\cdot 10^{m-3}\leqslant 5^n<(1+x)10^{m-3}$$

相乘得到

$$x^2\cdot 10^{k+m-6}<10^n<(x+1)^2\cdot 10^{k+m-6}$$

由于 $999\geqslant x\geqslant 100$,因此

$$10^4\times 10^{k+m-6}<10^n<(999+1)^2\times 10^{k+m-6}\ \Rightarrow\ n=k+m-1$$

*此为译者修改后的解答. ——译者注

因此

$$x^2 < 10^5 < (x+1)^2$$

解得 $x < 316.2$ 以及 $x+1 > 316.2$,因此 $x = 316$. □

测试题 C

1. 求最大的正整数 n,满足如下性质:n 的所有数码都非零,并且从左到右每连续三个数码形成的三位数都为完全平方数或者完全立方数.

解 注意到所有的数码非零的三位完全平方数为

$$121, 144, 169, 196, 225, 256, 289, 324, 361, 441$$

$$484, 529, 576, 625, 676, 729, 784, 841, 961$$

所有的数码非零的三位完全立方数为

$$125, 216, 343, 512$$

这些数中可以在一个数码序列中连续出现的为

$$(144, 441), (225, 256), (196, 961), (484, 841), (625, 256)$$

$$(784, 841), (121, 216), (125, 256), (216, 169), (512, 121)$$

上述的数对可以形成的最长的链为 $(512, 121), (121, 216), (216, 169)$,因此满足题目条件的最大的整数为 $n = 512\ 169$. □

2. 求最小的数,可以写成某个首项为 2 011,公差为 -4 的正整数等差数列的和,并且恰好有三个因子大于 1.

解 恰有三个大于 1 的因子的数具有形式 p^3 或者 pq,其中 p, q 是素数. 若等差数列有 $k+1$ 项,则

$$\begin{aligned} & 2\ 011 + 2\ 007 + 2\ 003 + 1\ 999 + \cdots \\ = & \sum_{i=0}^{k}(2\ 011 - 4i) = 2\ 011(k+1) - \frac{4k(k+1)}{2} \\ = & (k+1)(2\ 011 - 2k) \end{aligned}$$

若 $k+1 = 1$,则和为 2 011,是素数,因此不是所求的解. 若要数列的最后一项为正整数,则 $2\ 011 - 4k > 0$,于是 $0 < k < 502$. 特别地,有 $2\ 011 - 2k > k+1 > 1$.

若 $(k+1)(2\ 011-2k)=p^3$，p 是素数，则 $k+1=p$，并且 $2\ 011-2k=p^2$. 于是 $2\ 011-2(p-1)=p^2$，即 $(p+1)^2=2\ 014$，无解.

若 $(k+1)(2\ 011-2k)=pq$，其中 p 和 q 是素数，不妨设 $p<q$. 于是 $k+1=p$，$2\ 011-2k=q$，消去 k 得到 $2\ 011-2(p-1)=q$，即 $2p+q=2\ 013$. 由于我们想要最小的 k，因此要最小化 p. 验证发现最小的 p 为 5，此时 $k=4$.

因此 k 的最小值为 4，我们得到

$$2\ 011+2\ 007+2\ 003+1\ 999+1\ 995=5\times 2\ 003$$

注 若不要求等差数列的项为正整数，则 $S=(k+1)(2\ 011-2k)$ 是关于 k 的凹函数，在 k 的容许范围端点处取到最小值. 若要 $S>0$，则 $0\leqslant k\leqslant 1\ 005$. 解答得出 $k=0,1,2,3$，不符合要求. 当 $k=4$ 时，$S=5\times 2\ 003$. 当 $k=1\ 005$ 时，$S=1\ 006=2\times 503$，符合要求. 等差数列的和为满足要求的最小的正整数. □

3. *求所有的素数 p 和 q，使得 $pq-2p$ 和 $pq+2q$ 都是完全平方数.*

解 若 $q=2$，则 $pq+2q=2(p+2)$ 为偶数，因此 $4\mid 2(p+2)$，$p=2$，但此时 $pq+2q$ 不是完全平方数. 由于 $pq-2p=p(q-2)$ 为完全平方数，因此 p 整除 $q-2\neq 0$，特别地，有 $q-p\geqslant 2$. 类似地，q 整除 $p+2\neq 0$，于是 $p+2\geqslant q$，$2\geqslant q-p$. 将两个不等式联立，得到 $q-p=2$. 因此满足题目要求的素数对为所有的孪生素数 $(p,p+2)$. □

4. *求方程组*

$$\begin{cases}x-yz=2\\ xy-z=23\end{cases}$$

的正整数解.

解 将题目中的方程组中的两个式子相减得到

$$x-yz-xy+z=-21\ \Rightarrow\ (x+z)(y-1)=21$$

将 21 分解为正整数 $x+z\geqslant 2$ 和 $y-1$ 的乘积有

$$\begin{cases}x+z=3\\ y-1=7\end{cases},\quad \begin{cases}x+z=7\\ y-1=3\end{cases},\quad \begin{cases}x+z=21\\ y-1=1\end{cases}$$

由 $x-yz=2$ 可得 $z=\frac{x+z-2}{y+1}$，因此代入上面三种情况验证可得 $x+z=7$，$y-1=3$，解出正整数解 $z=1,x=6,y=4$. □

5. 求多项式

$$p(x) = x^4 + 4x^3 + 6x^2 + 4x - 2\ 011$$

的所有实根的乘积.

解 我们有 $p(x) = (x+1)^4 - 2\ 012$. 因此若 r 是 $p(x)$ 的实根,则

$$r + 1 = \pm\sqrt[4]{2\ 012} \Rightarrow r = \pm\sqrt[4]{2\ 012} - 1$$

于是两个实根的乘积为

$$\left(-1 - \sqrt[4]{2\ 012}\right)\left(-1 + \sqrt[4]{2\ 012}\right) = 1 - \sqrt{2\ 012}$$

□

6. 求所有的正整数 n,使得 $(n+3)! + n! + 3$ 为完全平方数.

解法一 若 $n \geqslant 6$, 则 $(n+3)! + n! + 3 \equiv 3 \pmod 9$, 不是完全平方数. 因此 $n \leqslant 5$. 若 $n = 1$, 则 $(n+3)! + n! + 3 = 28$, 不是完全平方数. 若 $n = 2$, 则 $(n+3)! + n! + 3 = 125$,不是完全平方数. 若 $n = 3$,则 $(n+3)! + n! + 3 = 729 = 3^6$, 是完全平方数. 若 $n = 4$,则 $(n+3)! + n! + 3 = 5\ 067$,不是完全平方数. 若 $n = 5$, 则 $(n+3)! + n! + 3 = 40\ 443$,不是完全平方数.

综上所述,$n = 3$. □

解法二 若 $n \geqslant 4$,则 $(n+3)! + n! + 3 \equiv 3 \pmod 4$,不是完全平方数. 对于 $n \leqslant 3$, 快速检验得到唯一的解 $n = 3$. □

7. 若 $x^2 + x\sqrt{5} + 1 = 0$,求实数 a,使得 $x^{10} + ax^5 + 1 = 0$ 成立.

解 若 $x^{10} + ax^5 + 1 = 0$,则 $x^5 + \frac{1}{x^5} = -a$. 注意到 $x + \frac{1}{x} = -\sqrt{5}$. 现在定义序列 $a_n = x^n + \frac{1}{x^n}$,于是 $a_{n+1} + \sqrt{5}a_n + a_{n-1} = 0$. 代入初值 $a_0 = 2$ 和 $a_1 = -\sqrt{5}$,我们得到

$$a_2 = 3, \quad a_3 = -2\sqrt{5}, \quad a_4 = 7, \quad a_5 = -5\sqrt{5}$$

因此 $a = 5\sqrt{5}$. □

8. 求所有的整数 n,使得 $n + 27$ 和 $8n + 27$ 都是完全立方数.

解 假设 $n + 27 = a^3, 8n + 27 = b^3$,其中 a 和 b 是整数,则有

$$8a^3 - b^3 = 7 \times 27$$

因式分解得到

$$(2a-b)(4a^2+2ab+b^2)=7\times 27$$

注意到

$$4a^2+2ab+b^2=\left(2a+\frac{b}{2}\right)^2+\frac{3}{4}b^2>0$$

因此也有 $2a-b>0$. 再注意到

$$(4a^2+2ab+b^2)=(2a-b)^2+6ab$$

而 $2a-b$ 和 $4a^2+2ab+b^2$ 中有一个被 3 整除,因此两个都被 3 整除. 于是有

$$\begin{cases}2a-b=3\\4a^2+2ab+b^2=63\end{cases},\quad\begin{cases}2a-b=63\\4a^2+2ab+b^2=3\end{cases}$$

$$\begin{cases}2a-b=9\\4a^2+2ab+b^2=21\end{cases},\quad\begin{cases}2a-b=21\\4a^2+2ab+b^2=9\end{cases}$$

解得 $(a,b)\in\{(3,3),(2,-5)\}$. 由 $n=a^3-27$,得到 $n\in\{0,-19\}$. □

9. 计算和

$$\sum_{n\geqslant 2}\frac{3n^2-1}{(n^3-n)^2}$$

解法一 注意到

$$\frac{3n^2-1}{(n^3-n)^2}=\frac{1}{2}\left(\frac{2n-1}{n^2(n-1)^2}-\frac{2(n+1)-1}{(n+1)^2n^2}\right)$$

因此裂项求和得到

$$\begin{aligned}\sum_{n=2}^{\infty}\frac{3n^2-1}{(n^3-n)^2}&=\frac{1}{2}\sum_{n=2}^{\infty}\left(\frac{2n-1}{n^2(n-1)^2}-\frac{2(n+1)-1}{(n+1)^2n^2}\right)\\&=\lim_{n\to\infty}\frac{1}{2}\left(\frac{3}{4}-\frac{2n+1}{(n+1)^2n^2}\right)=\frac{3}{8}\end{aligned}$$

□

解法二 由于

$$\frac{3k^2-1}{(k^3-k)^2}=-\frac{1}{2k^2}+\frac{1}{2(k-1)^2}-\frac{1}{2k^2}+\frac{1}{2(k+1)^2}$$

因此有

$$\sum_{k=2}^{n}\frac{3k^2-1}{(k^3-k)^2}=\frac{1}{2}-\frac{1}{2n^2}+\frac{1}{2(n+1)^2}-\frac{1}{8}$$

求极限,得极限为 $\frac{3}{8}$. □

10. 四边形 $ABCD$ 内接于半圆,半圆直径为 $AD = 2$. 证明

$$AB^2 + BC^2 + CD^2 + AB \cdot BC \cdot CD = 4$$

证明 在本书第 95 页第 10 题中取 $x = 2$,即可得到要证的等式. □

2012 年入学测试题解答

测试题 A

1. 使用 1 分、5 分、10 分、25 分、50 分的硬币，有多少种方法凑出一元钱，并且恰好使用 21 枚硬币？

解 我们需要找到下面方程组的非负整数解

$$\begin{cases} x_1 + x_2 + x_3 + x_4 + x_5 = 21 \\ x_1 + 5x_2 + 10x_3 + 25x_4 + 50x_5 = 100 \end{cases}$$

由第二个方程得到 $x_5 \in \{0, 1, 2\}$. 若 $x_5 = 2$，则 $x_1 = x_2 = x_3 = x_4 = 0$，不符合第一个方程. 现在有两种情形:

(i) 若 $x_5 = 1$，则

$$x_1 + x_2 + x_3 + x_4 = 20 \tag{1}$$

$$x_1 + 5x_2 + 10x_3 + 25x_4 = 50 \tag{2}$$

将方程 (1) 和 (2) 相减得到

$$4x_2 + 9x_3 + 24x_4 = 30 \tag{3}$$

因此 x_2 是 3 的倍数，记 $x_2 = 3k, k \in \mathbb{N}$，则方程 (3) 变为

$$4k + 3x_3 + 8x_4 = 10 \tag{4}$$

容易看出方程 (4) 的非负整数解为 $k = 1$，$x_3 = 2$，$x_4 = 0$，进一步解出 $x_1 = 15, x_2 = 3$.

(ii) 若 $x_5 = 0$，则有

$$x_1 + x_2 + x_3 + x_4 = 21 \tag{5}$$

$$x_1 + 5x_2 + 10x_3 + 25x_4 = 100 \tag{6}$$

将方程 (5) 和 (6) 相减得到

$$4x_2 + 9x_3 + 24x_4 = 79$$

模 4 发现 $x_3 \equiv 3 \pmod 4$,又显然发现 $x_3 \leqslant 8$,因此 $x_3 \in \{3,7\}$. 若 $x_3 = 3$,则 $x_2 + 6x_4 = 13$,得到 $(x_2, x_4) = (1,2)$,$(7,1)$ 或者 $(13,0)$,分别解出 $x_1 = 15, 10, 5$. 若 $x_3 = 7$,则 $x_2 + 6x_4 = 4$,得到 $x_2 = 4, x_4 = 0, x_1 = 15$.

综上所述,$(x_1, x_2, x_3, x_4, x_5)$ 的解集为

$$\{(15,3,2,0,1),(15,1,3,2,0),(10,7,3,1,0),(5,13,3,0,0),(15,4,7,0,0)\}$$

因此满足题目条件的方法共有 5 种. □

2. 从 123 456 789 101 112···9 899 100 中删除 20 个数码,使得剩余数码组成的数最大.

解　如果我们删除最开始的 12 345 678,接着删除 10 111 213 141,以及 5 后面的 1,则得到由 956 开始的一个数. 如果还能得到更大的数,那么最开始的数码必然为 9,于是必须删除 12 345 678. 类似地,必须删除 10 111 213 141,以及 5 后面的 1. 因此上面方法得到的数就是最大的可能数. □

3. 求所有的整数 n,使得 $7^n - 13$ 是完全平方数.

解　首先有 $7^n - 13 \equiv (-1)^n - 1 \pmod 4$. 若 n 是奇数,则得到 $7^n - 13 \equiv -2 \pmod 4$,不是完全平方数. 因此 n 为偶数,记 $n = 2k$,k 是正整数. 存在正整数 m,使得

$$7^{2k} - 13 = m^2$$

因式分解得到

$$(7^k - m)(7^k + m) = 13$$

由于 $7^k - m < 7^k + m$,因此

$$7^k - m = 1 \tag{1}$$

$$7^k + m = 13 \tag{2}$$

将式 (1) 和 (2) 相加得到 $2 \times 7^k = 14$,因此 $k = 1, m = 6$. 于是 $n = 2$. □

4. 若 $m = 3^3 \times 4^4 \times 5^5 \times 6^6$,$n = 8^8 \times 15^{15}$,计算将 $\frac{n}{m}$ 写成十进制数的数码和.

解 注意到 $m=2^{14}\times 3^9\times 5^5$,$n=2^{24}\times 3^{15}\times 5^{15}$,因此

$$\frac{n}{m}=2^{10}\times 3^6\times 5^{10}=729\times 10^{10}=729\underbrace{00\cdots 0}_{10\text{ 个 }0}$$

因此 $\frac{n}{m}$ 的数码和为 $7+2+9=18$. □

5. 求三角形的三边长 a,b,c,满足下面的方程组

$$\begin{cases}\frac{abc}{-a+b+c} & = & 40\\ \frac{abc}{a-b+c} & = & 60\\ \frac{abc}{a+b-c} & = & 120\end{cases}$$

解 对方程组的两边求倒数,得到

$$\frac{1}{ab}+\frac{1}{ca}-\frac{1}{bc}=\frac{1}{40} \tag{1}$$

$$\frac{1}{ab}-\frac{1}{ca}+\frac{1}{bc}=\frac{1}{60} \tag{2}$$

$$-\frac{1}{ab}+\frac{1}{ca}+\frac{1}{bc}=\frac{1}{120} \tag{3}$$

将方程 (1) $\sim$ (3) 相加,得到

$$\frac{1}{ab}+\frac{1}{ca}+\frac{1}{bc}=\frac{1}{20} \tag{4}$$

用方程 (4) 分别减去方程 (1) $\sim$ (3),得到

$$\frac{1}{bc}=\frac{1}{80},\quad \frac{1}{ca}=\frac{1}{60},\quad \frac{1}{ab}=\frac{1}{48}$$

因此 $ab=48$,$bc=80$,$ca=60$. 分别用其中两个的乘积除以第三个,然后开根号,得到 $(a,b,c)=(6,8,10)$. □

6. 证明:$64^{65}+65^{64}$ 不是素数.

证明 利用加项减项技巧,可得

$$\begin{aligned}a^4+4b^4 &= a^4+4a^2b^2+4b^4-4a^2b^2\\ &= (a^2+2b^2)^2-(2ab)^2\\ &= (a^2-2ab+2b^2)(a^2+2ab+2b^2)\\ &= \left[(a-b)^2+b^2\right]\left[(a+b)^2+b^2\right]\end{aligned}$$

因此

$$\begin{aligned} 64^{65}+65^{64} &= (65^{16})^4+4(2^{388}) \\ &= (65^{16})^4+4(2^{97})^4 \\ &= \left[(65^{16}-2^{97})^2+2^{194}\right]\left[(65^{16}+2^{97})^2+2^{194}\right] \end{aligned}$$

是两个大于 1 的数的乘积,得到 $64^{65}+65^{64}$ 不是素数. □

7. 求所有的正整数三元组 (x,y,z),满足

$$x^y+y^z+z^x=1\ 230$$

解 不妨设 $\min\{x,y,z\}=x$. 若 $x\geqslant 5$,则 $3\ 125=5^5<x^y+y^z+z^x=1\ 230$,矛盾. 因此 $x\leqslant 4$,有 4 种情形:

(i) 若 $x=1$,则 $y^z+z=1\ 229$. 假设 $z\geqslant 5$,则显然 $y\leqslant 4$. 若 $y=1$,则 $z=1\ 228$. 若 $y=2$,则 $2^z+z=1\ 229$,z 必须是奇数,并且 $z\leqslant 9$,检验发现没有整数解. 若 $y=3$,则 $3^z+z=1\ 229$,z 是偶数,并且 $z\leqslant 6$,检验发现没有整数解. 若 $y=4$,则 $4^z+z=1\ 229$,z 是奇数,$z\leqslant 5$,检验发现没有整数解. 若 $z\in\{1,2,3,4\}$,则检验发现 $y=1\ 228$ 且 $z=1$.

(ii) 若 $x=2$,则 $2^y+y^z+z^2=1\ 230$. 若 $z\geqslant 5$,则 $y\leqslant 4$. 若 $y=2$,则 $2^z+z^2=1\ 226$,z 是偶数,并且 $z\leqslant 10$,检验发现无整数解. 若 $y=3$,则 $3^z+z^2=1\ 222$,z 是偶数,并且 $z\leqslant 6$,检验发现无整数解. 若 $y=4$,则 $4^z+z^2=1\ 214$,z 是奇数,并且 $z\leqslant 5$,检验发现无整数解. 若 $z\in\{1,2,3,4\}$,则检验发现没有整数解.

(iii) 若 $x=3$,则 $3^y+y^z+z^3=1\ 230$. 若 $z\geqslant 5$,则 $y\leqslant 4$. 若 $y=3$,则 $3^z+z^3=1\ 203$,z 是偶数,并且 $z\leqslant 6$,检验发现无整数解. 若 $y=4$,则 $4^z+z^3=1\ 149$,z 是奇数,并且 $z\leqslant 5$,检验发现 $z=5$ 为一个解. 若 $z\in\{1,2,3,4\}$,则检验发现无整数解.

(iv) 若 $x=4$,则 $4^y+y^z+z^4=1\ 230$. 根据 x 是三个数中最小的假设,$y\geqslant 4$,$z\geqslant 4$. 若其中一个至少为 5,则 $4^y+y^z+z^4\geqslant 4^4+4^5+5^4>1\ 230$,无解. 验证 $y=z=4$ 不是解.

综上所述,所有的解为 $(x,y,z)\in\{(1,1,1\ 228),(3,4,5)\}$ 或者它们的轮换. □

8. 设 $a_n=n+\sqrt{n^2-1},n\geqslant 1$. 证明

$$\frac{1}{\sqrt{a_1}}+\frac{1}{\sqrt{a_2}}+\cdots+\frac{1}{\sqrt{a_8}}=\sqrt{2}+2$$

证明 注意到

$$2a_n = 2n + 2\sqrt{n^2-1} = \left(\sqrt{n-1}+\sqrt{n+1}\right)^2$$

因此

$$\frac{1}{\sqrt{a_n}} = \frac{\sqrt{2}}{\sqrt{n-1}+\sqrt{n+1}} = \frac{\sqrt{2}}{2}\left(\sqrt{n+1}-\sqrt{n-1}\right)$$

裂项求和得到

$$\begin{aligned}\sum_{n=1}^{8}\frac{1}{\sqrt{a_n}} &= \sum_{n=1}^{8}\frac{\sqrt{2}}{2}\left(\sqrt{n+1}-\sqrt{n-1}\right)\\ &= \frac{\sqrt{2}}{2}\left(\sqrt{8}+\sqrt{9}-\sqrt{1}-\sqrt{0}\right)\\ &= 2+\sqrt{2}\end{aligned}$$

□

9. 求方程组

$$\begin{cases} xy - \frac{z}{3} &= xyz+1 \\ yz - \frac{x}{3} &= xyz-1 \\ zx - \frac{y}{3} &= xyz-9 \end{cases}$$

的整数解.

解法一 将题目中的前两个方程都乘以 3，再相减，并因式分解得到

$$(x-z)(1+3y) = 6$$

注意到 $1+3y \equiv 1 \pmod 3$，因此 $1+3y \in \{-2,1\}$，得到 $y \in \{-1,0\}$.

若 $y=0$，则根据题目中的第一个方程得到 $z=-3$，根据题目中的第二个方程得到 $x=3$. 可以验证 $(x,y,z)=(3,0,-3)$ 为方程组的解.

若 $y=-1$，则根据题目中的第三个方程得出

$$xz+\frac{1}{3} = -xz-9 \Rightarrow xz = -\frac{14}{3}$$

显然没有整数解.

因此 $(x,y,z)=(3,0,-3)$ 是方程组的唯一整数解. □

解法二 根据方程可以看出,x, y, z 均为 3 的倍数. 将原始方程乘以 9,相加得到

$$9xy + 9yz + 9zx - 3z - 3x - 3y - 27xyz = -81$$

将两边同时加 1,并因式分解,得到

$$(1-3x)(1-3y)(1-3z) = -80$$

设 $m = 1-3x, n = 1-3y, p = 1-3z$. 由于 x, y, z 均为 3 的倍数,因此 m, n, p 均为模 9 余 1 的整数. 由于 $mnp = -80$,因此 m, n, p 中有 1 或 3 个为负. 将 -80 分解为模 9 余 1 的因子 ($\{1, -8, 10, -80\}$) 的乘积,各种情况如表 1 所示. 验证发现只有情况 (iv) 给出了原方程组的解. 因此方程组的唯一整数解为 $x = 3, y = 0, z = -3$.

表 1

情况	m	n	p	x	y	z
(i)	10	−8	1	−3	3	0
(ii)	10	1	−8	−3	0	3
(iii)	−8	10	1	3	−3	0
(iv)	−8	1	10	3	0	−3
(v)	1	10	−8	0	−3	3
(vi)	1	−8	10	0	3	−3
(vii)	−80	1	1	27	0	0
(viii)	1	−80	1	0	27	0
(ix)	1	1	−80	0	0	27

□

10. *若 a, b, c 为三角形三边的长度,证明*

$$\max\{a, b, c\} < \sqrt{\frac{2(a^2+b^2+c^2)}{3}}$$

证明 设 x, y, z 分别为三角形的顶点到内切圆在边上的切点的长度 (适当的顺序). 要证的不等式可以改写为

$$\sqrt{3}(x+y) < \sqrt{4\sum_{\text{cyc}} x^2 + 4\sum_{\text{cyc}} xy}$$

其中 $x + y = \max\{x+y, y+z, z+x\}$. 我们有

$$\left[\sqrt{3}(x+y)\right]^2 = 3x^2 + 3y^2 + 6xy \leqslant 4x^2 + 4y^2 + 4xy < 4\sum_{\text{cyc}} x^2 + 4\sum_{\text{cyc}} xy$$

其中第一个不等号可以由均值不等式得到. □

测试题 B

1. 一些连续正整数之和为 2 012，求这些正整数中最小的数的最小可能值.

解 设这些正整数为 $l+1, l+2, \cdots, l+n$，根据等差数列求和公式，得到方程

$$2\ 012 = \frac{n(2l+n+1)}{2} \Rightarrow 4\ 024 = n(2l+n+1)$$

显然 $4\ 024 > n^2$，因此 $n \leqslant \left\lfloor \sqrt{4\ 024} \right\rfloor = 63$. 进一步，$n$ 和 $2l+n+1$ 是 4 024 的两个奇偶性不同的因子. 由于 $4\ 024 = 2^3 \times 503$，因此可以得到如下情况

$$\begin{cases} n = 1 \\ 2l+n+1 = 4\ 024 \end{cases}, \quad \begin{cases} n = 8 \\ 2l+n+1 = 503 \end{cases}$$

解得 $(n, l) \in \{(1, 2\ 011), (8, 247)\}$. 因此 $l+1$ 的最小可能值为 248. □

2. 有多少个五位数包含数码 5？

解 首先计算没有数码 5 的五位数，其最高位有 8 种可能，剩下的每一位都有 9 种可能，因此得到有 $8 \times 9^4 = 52\ 488$ 个这样的五位数. 所有五位数有 $9 \times 10^4 = 90\ 000$ 个，因此包含数码 5 的五位数有 $90\ 000 - 52\ 488 = 37\ 512$ 个. □

3. 求所有的整数 n，使得 $n^2 - n + 1$ 整除 $n^{2\ 012} + n + 2\ 001$.

解 若用多项式 $x^{2\ 012} + x + 2\ 001$ 除以 $x^2 - x + 1$，则余式为 $2x + 2\ 000$. 事实上，$x^2 - x + 1$ 整除 $x^3 + 1$，进而整除 $x^6 - 1$，所以 $x^6 \equiv 1 \pmod{x^2 - x + 1}$. 于是有

$$x^{2\ 012} = x^{2\ 010} \cdot x^2 \equiv x^2 \equiv (x-1) \pmod{x^2 - x + 1}$$

即

$$x^{2\ 012} + x + 2\ 001 \equiv (2x + 2\ 000) \pmod{x^2 - x + 1}$$

现在只需求所有的整数 n，使得 $2n + 2\ 000$ 被 $n^2 - n + 1$ 整除. 由于 $n^2 - n + 1$ 是奇数，因此 $n^2 - n + 1$ 整除 $n + 1\ 000$. 显然 $n = -1\ 000$ 满足条件. 若 $n \neq -1\ 000$，则

$$|n^2 - n + 1| \leqslant |n + 1\ 000|$$

由于 $n^2 - n + 1 = n(n-1) + 1 \geqslant 0$ 对所有的整数 n 成立，因此

$$n^2 - n + 1 \leqslant |n + 1\ 000|$$

若 $n<-1\,000$,则 $-n-1\,000\geqslant n^2-n+1$,无解. 若 $n>-1\,000$,则有 $n+1\,000\geqslant n^2-n+1$,于是 $1\,000\geqslant(n-1)^2$,$|n-1|\leqslant 31$,即 $-30\leqslant n\leqslant 32$. 对于在这个范围内的 n 的值,我们分别代入验证整除性.* 注意到 $n^2-n+1=(1-n)^2-(1-n)+1$,因此可以对 n 和 $1-n$ 同时考虑 n^2-n+1 是否整除 $1\,000+n$ 或 $1\,001-n$.

对于 $n=1,2,\cdots,5$,我们需要验证

$$1\mid 1\,001,1\,000,\quad 3\mid 1\,002,999,\quad 7\mid 1\,003,998,\quad 13\mid 1\,004,997,\quad 21\mid 1\,005,996$$

其中前两个成立,得到解 $n\in\{-1,0,1,2\}$.

对于 $n=6,7,\cdots,10$,需要验证

$$31\mid 1\,006,995,\ 43\mid 1\,007,994,\ 57\mid 1\,008,993,\ 73\mid 1\,009,992,\ 91\mid 1\,010,991$$

均不成立.

若 $n\geqslant 11$ 或者 $n\leqslant -10$,则 $n^2-n+1\geqslant 111$,于是 $\frac{1\,000+n}{n^2-n+1}\leqslant\frac{1\,032}{111}<10$,设

$$n+1\,000=k(n^2-n+1) \tag{1}$$

则正整数 $k\leqslant 9$. 方程 (1) 可以改写为

$$(kn-1)(n-1)=1\,001-k \tag{2}$$

利用不等式得到

$$1\,001>k(n-1)^2,\quad 1\,001<kn^2$$

因此只需要对 $k=1,2,\cdots,9$ 验证 $n=\left\lceil\sqrt{\frac{1\,001}{k}}\right\rceil$ 是否符合式 (2),这可以用整除性快速验证.

当 $k=1,2,\cdots,5$ 时,分别需要对 $n=32,23,19,16,15$ 进行验证,式 (2) 分别为

$$31\times 31=1\,000,\ 45\times 22=999,\ 56\times 18=998,\ 63\times 15=997,\ 74\times 14=996$$

均不成立.

当 $k=6,7,8,9$ 时,分别需要对 $n=13,12,12,11$ 进行验证,方程 (2) 分别为

$$77\times 12=995,\ 83\times 11=994,\ 95\times 11=993,\ 98\times 10=992$$

均不成立.

综上所述,题目的解为 $n\in\{-1\,000,-1,0,1,2\}$. □

*英文原版的解答没有给出验证的过程,该过程相当于代入 63 个不同的 n 值,过于烦琐,从这里开始给出了一个计算量相对较少的方法. ——译者注

4. 设 a 和 b 为正实数，满足 $2a^2+3ab+2b^2 \leqslant 7$. 证明

$$\max\{2a+b, a+2b\} \leqslant 4$$

证法一 只需证明 $2a+b \leqslant 4, a+2b \leqslant 4$. 用反证法. 假设 $2a+b>4$，即 $a>\frac{4-b}{2}$. 于是

$$7 \geqslant 2a^2+3ab+2b^2 > b^2+2b+8$$

得到 $(b+1)^2<0$，矛盾. □

证法二 不妨设 $a \geqslant b$，并且用反证法，假设 $2a+b>4$. 注意到

$$\frac{(2a+b)^2}{2}=2a^2+2ab+\frac{b^2}{2}>8$$

以及

$$2a^2+3ab+2b^2+1 \leqslant 8 < 2a^2+2ab+\frac{b^2}{2}$$

因此得到

$$3b^2+2ab+2<0$$

但是

$$3b^2+2ab+2>(4-b)b+3b^2+2=2b^2+4b+2=2(b+1)^2 \geqslant 0$$

矛盾. □

5. 求所有的整数对 (m, n)，满足 $m^3+n^3=2\ 015$.

解 * 将题目方程改写为

$$(m+n)(m^2-mn+n^2)=2\ 015=5 \times 13 \times 31$$

我们有 $3 \nmid (m+n)$，因此

$$m^2-mn+n^2=(m+n)^2-3mn \equiv 1 \pmod 3$$

另外还有

$$m^2-mn+n^2=\left(m-\frac{1}{2}n\right)^2+\frac{3}{4}n^2 \geqslant 0$$

---

*英文原版的解法中不必要的部分已经去掉. ——译者注

2 015 的模 3 余 1 的正因子有 $\{1,13,31,403\}$. 因此有下列可能

$$\begin{cases} m+n=2\ 015 \\ m^2-mn+n^2=1 \end{cases}, \begin{cases} m+n=155 \\ m^2-mn+n^2=13 \end{cases}$$
$$\begin{cases} m+n=65 \\ m^2-mn+n^2=31 \end{cases}, \begin{cases} m+n=5 \\ m^2-mn+n^2=403 \end{cases}$$

利用 $m^2-mn+n^2=(m+n)^2-3mn$,我们得到下面几个方程组

$$\begin{cases} m+n=2\ 015 \\ mn=1\ 353\ 408 \end{cases}, \begin{cases} m+n=155 \\ mn=8\ 004 \end{cases}$$

$$\begin{cases} m+n=65 \\ mn=1\ 398 \end{cases}, \begin{cases} m+n=5 \\ mn=-126 \end{cases}$$

由于 $(m+n)^2 \geqslant 4mn$,因此只需考虑最后一个方程组. 解得

$$(m,n) \in \{(14,-9),(-9,14)\}$$

□

6. 设 $P(x)=3x^3-9x^2+9x$. 证明:$P(a^2+b^2+c^2) \geqslant P(ab+bc+ca)$ 对所有实数 a,b,c 成立.

证明 注意到 $P(x)=3\left[(x+1)^3-1\right]$ 严格递增,因此只需证明

$$a^2+b^2+c^2 \geqslant ab+ac+bc$$

等价于不等式

$$(a-b)^2+(b-c)^2+(c-a)^2 \geqslant 0$$

这显然成立. □

7. 对正整数 N,设 $r(N)$ 为将 N 的数码反序得到的数字. 例如,$r(2\ 013)=3\ 102$. 求所有的三位数 N,使得 $r^2(N)-N^2$ 为正整数的立方.

解 设 $N=100a+10b+c$, $0 \leqslant a,b,c \leqslant 9$, 则 $r(N)=100c+10b+a$. 由于 $r^2(N)>N^2$,因此 $c \geqslant a>0$. 于是

$$\begin{aligned} r^2(N)-N^2 &= (100c+10b+a)^2-(100a+10b+c)^2 \\ &= 99(c-a)\left(101(c+a)+20b\right) \end{aligned}$$

由于 $r^2(N)-N^2>0$，因此有 $c>a$. 现在 $r^2(N)-N^2$ 是完全立方数，由于 $c-a\leqslant 8$,因此

$$101(c+a)+20b\equiv 0\pmod{121}$$

即

$$b-(a+c)\equiv 0\pmod{121}$$

由于 $-17\leqslant b-(a+c)\leqslant 6$,因此有 $b=a+c$. 于是

$$r^2(N)-N^2=11^3\times 3^2(c-a)(c+a)$$

* 现在 $1\leqslant c^2-a^2\leqslant 9^2-1^2=80$ 为完全立方数的三倍,因此取值 $\{3\times 1^3,3\times 2^3\}$. 若 $c^2-a^2=3$,则 $c=2,a=1,b=a+c=3$,得到 $N=132$. 若 $c^2-a^2=24$,则 $c-a$ 和 $c+a$ 的奇偶性相同,由于乘积为 24,因此必然都是偶数,可能取值为

$$\begin{cases}c-a=2\\c+a=12\end{cases},\quad\begin{cases}c-a=4\\c+a=6\end{cases}$$

分别解出 $c=7,a=5,b=12$ 和 $c=5,a=1,b=6$. 前者不符合要求,后者得出 $N=165$.

综上所述,满足题目条件的三位数为 132 和 165. □

8. 解方程组

$$\begin{cases}\lg xy=\frac{5}{\lg z}\\\lg yz=\frac{8}{\lg x}\\\lg zx=\frac{9}{\lg y}\end{cases}$$

解 记 $a=\lg x,b=\lg y,c=\lg z$,则方程组变为

$$c(a+b)=5\tag{1}$$

$$a(b+c)=8\tag{2}$$

$$b(a+c)=9\tag{3}$$

将式 (1) ~ (3) 相加并除以 2,得到

$$ab+bc+ca=11\tag{4}$$

*后面的部分在英文原版的证明的基础上进行了简化. ——译者注

用式 (4) 分别减去式 (1) ~ (3),得到

$$ab = 6,\ bc = 3,\ ac = 2$$

于是 $abc = \pm 6$,解得 $a = \pm 2, b = \pm 3, c = \pm 1$,即

$$(x, y, z) \in \left\{(100, 1\,000, 10), \left(\frac{1}{100}, \frac{1}{1\,000}, \frac{1}{10}\right)\right\}$$

□

9. 在一个圆中,弦 AB 和 XY 相交于 P. 证明:P 到 AX, BX, AY, BY 的投影四点共圆,当且仅当 AX, BX, AY, BY 的中点构成一个矩形.

证明 在图 1 中,假设 $FEDC$ 是圆内接四边形.

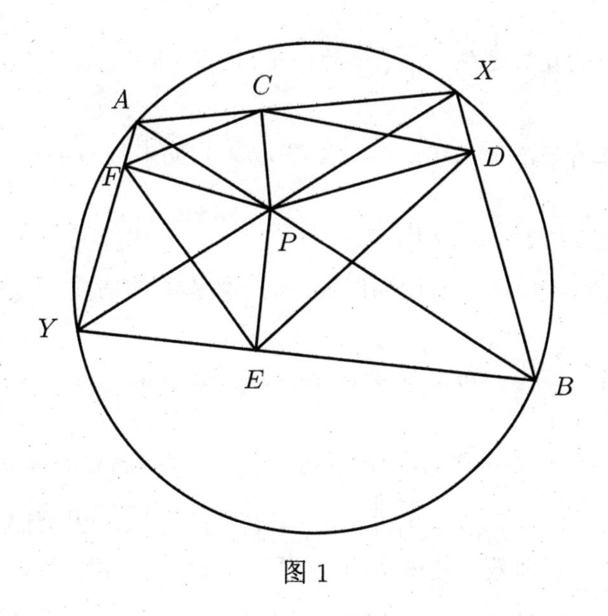

图 1

于是有

$$\angle FED = \angle FYP + \angle PBD = 2\angle PYA$$

类似地,$\angle FCD = 2\angle PAY$. 因此 $\angle PAY + \angle PYA = 90°$,即 $\angle APY = 90°$,$AB \perp XY$. 根据中位线性质,由 AX, BX, AY, BY 的中点构成的四边形的四条边分别平行于 AB 或 XY,因此相邻的两条边相互垂直,即这个四边形为矩形.

反之,对于图 2,假设 M, N, Q 是相应的中点.

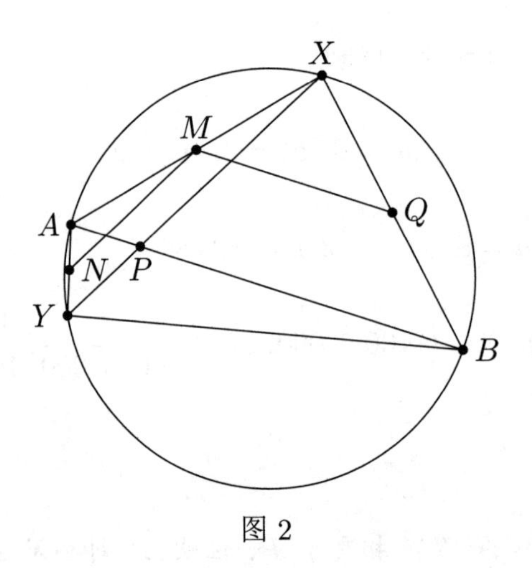

图 2

由中点四边形为矩形可得 $\angle NMQ = 90^\circ$. 根据中位线性质，得到 $\angle APX = 90^\circ$. 由于最开始关于角度的计算过程可逆，因此垂足四边形为圆内接四边形. □

10. (a) 举出正偶数三元组 (a, b, c) 的例子，使得 $ab+1, bc+1, ca+1$ 都是完全平方数.

(b) 是否存在正奇数三元组 (a, b, c)，使得 $ab+1, bc+1, ca+1$ 都是完全平方数？

解 (a) 取 $a=2, b=4, c=12$ 即可.

(b) 由于 $ab+1, bc+1, ca+1$ 均为偶数，因此都是 4 的倍数，于是

$$ab \equiv bc \equiv ca \equiv -1 \pmod 4$$

相乘得到 $(abc)^2 \equiv -1 \pmod 4$，矛盾，因此不存在满足题意的 a, b, c.

注 注意到 $a=n, b=q(qn+2), c=(q+1)\big[(q+1)n+2\big]$ 为方程的一般解，其中 n 是整数，q 是有理数，使得 b 和 c 都是整数. 这个解由Nicholas Saunderson 在 1740 年得出（在 *History of Theory of Numbers* 的三卷书中的注释中，L.E. Dickson 指出 Saunderson 生来眼盲）. 对于这三个数，有

$$\begin{aligned} ab+1 &= (qn+1)^2 \\ ac+1 &= \big[(q+1)n+1\big]^2 \\ bc+1 &= \big[q(q+1)n+2q+1\big]^2 \end{aligned}$$

□

测试题 C

1. (a) 计算从 2011 年 3 月 1 日开始到 2012 年 6 月 30 日结束，共有多少天？
(b) 求方程 $29x+30y+31z=488$ 的正整数解.

解 (a) 由于 $2\,012\equiv 0 \pmod 4$，因此 2012 年是闰年，所以题目要求的总天数为

$$29+6\times 30+9\times 31=488$$

(b) 上面给出了一个正整数解，即 $(x_0,y_0,z_0)=(1,6,9)$. 假设有另外一个解，记为 (x_1,y_1,z_1). 设 $x=x_1-x_0$，$y=y_1-y_0$，$z=z_1-z_0$，则有

$$29x+30y+31z=0$$

由于 $x_0=1$，因此 $x=x_1-x_0\geqslant 0$. 进一步，有

$$x\leqslant\left\lfloor\frac{488-30-31}{29}\right\rfloor-1=13$$

以及

$$-8=1-9\leqslant z\leqslant\left\lfloor\frac{429}{31}\right\rfloor-9=4$$

因此 $-4\leqslant x-z\leqslant 21$. 因为 $30\mid(x-z)$，所以 $x=z$，$y=-2x$. 于是

$$x_1=1+x,\ y_1=6-2x,\ z_1=9+x$$

于是当 $x\in\{0,1,2\}$ 时得出方程的正整数解

$$(x,y,z)\in\{(1,6,9),(2,4,10),(3,2,11)\}$$

□

2. 解方程

$$\lfloor x\rfloor\{x\}=x$$

其中 $\lfloor a\rfloor$ 和 $\{a\}$ 分别表示不超过 a 的最大整数以及 a 的小数部分.

解 设 $x=n+t$，其中 $n\in\mathbb{Z}$，$0\leqslant t<1$. 于是题目中的方程可以改写为 $nt=n+t$. 显然，当 $n=1$ 时方程不成立，因此解出 $t=\frac{-n}{1-n}$. 要求 $t\geqslant 0$，得到 $n(n-1)\geqslant 0$，对所有整数 n 都成立. 要求 $t<1$，考察绝对值，得到 $|n|<|n-1|$，于是 $n\leqslant 0$. 容易看出这样的要求给出了方程的解. 因此方程的所有解为 $x=n+t=-\frac{n^2}{1-n}$，其中整数 $n\leqslant 0$. □

3. 求所有的整数 n,使得 n^3-49n 是完全平方数.

解 若 $n=0$,则得到一个解. 若 $n^2-49=0$,则得到 $n=\pm7$,也是解. 若 $n<0$,则 $n^2-49\leqslant0$,有 $|n|\leqslant7$. 枚举发现只有 $n=-7$ 为方程的解. 现在假设 $n>0$,于是 $n^2-49>0$. 设 $d=(n,n^2-49)$,则 $d\mid\left[n^2-(n^2-49)\right]=49$,因此 $d\in\{1,7,49\}$. n 和 n^2-49 约去 d 后均为完全平方数.

(i) 若 $d=1$,则 n 和 n^2-49 都是完全平方数. 设 $n^2-49=k^2,k\in\mathbb{N}$. 因式分解得出 $(n-k)(n+k)=49$,由于 $n-k\leqslant n+k$,因此有如下方程组

$$\begin{cases}n-k=1\\n+k=49\end{cases},\quad\begin{cases}n-k=7\\n+k=7\end{cases}$$

解出 $n\in\{7,25\}$. 由于 n 必须为完全平方数,因此 $n=25$.

(ii) *若 $d=7$,则 $n=7a^2,n^2-49=7b^2,a,b\in\mathbb{Z}_+,\gcd(a,b)=1$. 代入得到 $49a^4-49=7b^2$,于是 $7\mid b$. 设 $b=7b_1$,化简得到 $a^4-7b_1^2=1$. 佩尔方程 $x^2-7y^2=1$ 的最小正整数解为 $(8,3)$,因此存在正整数 m,使得

$$a^2+b_1\sqrt{7}=\left(8+3\sqrt{7}\right)^m\Rightarrow a^2=\frac{\left(8+3\sqrt{7}\right)^m+\left(8-3\sqrt{7}\right)^m}{2}$$

定义数列

$$x_k=\frac{1}{2}\left[\left(8+3\sqrt{7}\right)^k+\left(8-3\sqrt{7}\right)^k\right],\quad k\geqslant0$$

则 $\{x_k\}$ 满足 $x_0=1,x_1=8,x_{k+2}=16x_{k+1}-x_k$. 因此 $x_{2k}\equiv8\pmod{16}$, $x_{4k}\equiv1\pmod{16}$, $x_{4k+2}\equiv-1\pmod{16}$. 若 x_k 为完全平方数,必有 $4\mid k$. 记 $\left(8+3\sqrt{7}\right)^k=x_k+y_k\sqrt{7}$,则 $x_k^2-7y_k^2=1$,还有

$$x_{4k}=\frac{(x_k+y_k\sqrt{7})^4+(x_k-y_k\sqrt{7})^4}{2}=x_k^4+42x_k^2y_k^2+49y_k^4$$

代入 $7y_k^2=x_k^2-1$,得到 $x_{4k}=8x_k^4-8x_k^2+1$. 现在设 $x_{4k}=a^2$,代入并配方得到

$$(4x_k^2-1)^2-a^2=8x_k^4\Rightarrow(4x_k^2-1-a)(4x_k^2-1+a)=8x_k^4$$

由于 a 是奇数,设 $e=\gcd(4x_k^2-1-a,4x_k^2-1+a)$,则 e 整除两数之和 $8x_k^2-2$,而且 $e^2\mid8x_k^4\Rightarrow e\mid4x_k^2$,因此 $e\mid\left[4x_k^2\times2-(8x_k^2-2)\right]=2$,必有 $e=2$. 存在正整数 y,z,使得

$$\{4x_k^2-1-a,4x_k^2-1+a\}=\{2y^4,4z^4\},\quad x_k=yz$$

---

*英文原版中的这部分解答不完整,现补全. ——译者注

因此得到方程

$$y^4+2z^4=4x_k^2-1=4y^2z^2-1 \Rightarrow y^4-4y^2z^2+2z^4=-1$$

代数变形得到

$$2(y^2-z^2)^2-y^4=-1 \Rightarrow y^4-2t^2=1, t=y^2-z^2$$

进一步变形得到

$$y^4+t^4=(t^2+1)^2$$

熟知这个方程只有平凡解 $t=0$ 或 $y=0$. 若 $t=0$,则 $y=1, z=1, x_k=1$, $x_{4k}=1, a=1, n=7$. 若 $y=0$,则 $t^2=t^2+1$,无解.

(iii) 若 $d=49$,则 $n=49a^2, n^2-49=49b^2$. 代入得到 $49a^4-1=b^2$,两个完全平方数的差为 1,只能是 $7a^2=1, b=0$,无解.

综上所述,题目的所有解为 $n\in\{0,\pm7,25\}$. □

4. *解方程* $(3x+1)(4x+1)(6x+1)(12x+1)=5$.

解 将四个因子搭配相乘,方程可以改写为

$$(36x^2+15x+1)(24x^2+10x+1)=5$$

设 $y=12x^2+5x$,则上述方程可改写为 $(3y+1)(2y+1)=5$,即

$$6y^2+5y-4=0$$

解得 $y_{1,2}=\frac{-5\pm11}{12}$,即 $y=-\frac{4}{3}$ 或 $y=\frac{1}{2}$. 于是得到方程

$$12x^2+5x=-\frac{4}{3}$$

或者

$$12x^2+5x=\frac{1}{2}$$

化简为

$$36x^2+15x+4=0 \tag{1}$$

或者

$$24x^2+10x-1=0 \tag{2}$$

方程 (1) 解出 $x=\frac{-5\pm\sqrt{39}\mathrm{i}}{24}$,方程 (2) 解出 $x=-\frac{1}{2}$ 或者 $x=\frac{1}{12}$. □

5. 求方程组

$$\begin{cases} x + \frac{1}{y} = 4 \\ y + \frac{4}{z} = 3 \\ z + \frac{9}{x} = 5 \end{cases}$$

的正实数解.

解 将题目中的所有方程相加得到

$$x + y + z + \frac{1}{y} + \frac{4}{z} + \frac{9}{x} = 12$$

配方得到

$$\left(\sqrt{x} - \frac{3}{\sqrt{x}}\right)^2 + \left(\sqrt{y} - \frac{1}{\sqrt{y}}\right)^2 + \left(\sqrt{z} - \frac{2}{\sqrt{z}}\right)^2 = 0$$

因此 $\sqrt{x} = \frac{3}{\sqrt{x}}, \sqrt{y} = \frac{1}{\sqrt{y}}, \sqrt{z} = \frac{2}{\sqrt{z}}$,解出 $(x, y, z) = (3, 1, 2)$. □

6. 求所有的整数 n,使得 $2^n + 3^n + 4^n + 5^n + 6^n$ 被 40 整除.

解 显然 $n \neq 1, 2$. 注意到 $40 = 8 \times 5$.

模 8 计算,有 $2^n + 4^n + 6^n \equiv 0 \pmod 8$ 对所有 $n \geqslant 3$ 成立. 若 n 是偶数,由于奇数的平方模 8 余 1,因此 $3^n + 5^n \equiv 2 \pmod 8$. 若 n 是奇数,则 $3^n + 5^n \equiv 3 + 5 \equiv 0 \pmod 8$. 因此若 8 整除 $2^n + \cdots + 6^n$,则 n 是奇数,且 $n \geqslant 3$.

现在模 5 计算. 当 n 是奇数时,利用 $(a + b) \mid (a^n + b^n)$,有 $5 \mid (2^n + 3^n)$, $10 \mid (4^n + 6^n)$,因此 $2^n + 3^n + \cdots + 6^n$ 被 5 整除.

因此题目的答案为所有大于或等于 3 的奇数. □

7. 求方程组

$$\begin{cases} xy + yz + zx = 36 \\ x + y + z + 4xyz = 155 \end{cases}$$

的整数解.

解 将题目中第一个方程乘以 4,第二个方程乘以 2,然后相加,得到

$$2(x + y + z) + 4(xy + yz + zx) + 8xyz = 454$$

因式分解为

$$(2x + 1)(2y + 1)(2z + 1) = 455$$

由于 $455 = 5 \times 7 \times 13$，因此有

$$
\begin{aligned}
(x,y,z) \quad \in \quad & \{(-228,-1,0),(-46,-3,0),(-46,-1,2),(-33,-4,0),\\
& (-33,-1,3),(-18,-7,0),(-18,-1,6),(-7,-4,2),\\
& (-7,-3,3),(-7,-1,17),(-4,-3,6),(-4,-1,32),\\
& (-3,-1,45),(-1,-1,227),(0,0,227),(0,2,45),\\
& (0,3,32),(0,6,17),(2,3,6)\}
\end{aligned}
$$

或其排列. 若 x,y,z 中有 0，例如 $z=0$，则 $xy=36$，$x+y=155$，无整数解. 若 x,y,z 中有 -1，例如 $z=-1$，则得到 $xy-x-y=36$，$x+y-4xy=156$，化简得到

$$z=-1,\ xy=-64,\ x+y=-100$$

无整数解. 因此只需验证

$$(x,y,z) \in \{(-7,-4,2),(-7,-3,3),(-4,-3,6),(2,3,6)\}$$

发现方程的整数解为 $(x,y,z)=(2,3,6)$ 或其排列. □

8. 证明：$\triangle ABC$ 的内切圆直径等于 $\frac{1}{\sqrt{3}}(AB-BC+CA)$，当且仅当 $\angle A = 60^\circ$.

证法一 设 r 为 $\triangle ABC$ 的内径，$\alpha = \angle BAC$. 显然 $0^\circ < \alpha < 180^\circ$，并且

$$2r = \frac{2AB \cdot CA \sin\alpha}{AB+BC+CA}$$

于是

$$2r = \frac{AB-BC+CA}{\sqrt{3}}$$

等价于

$$AB^2 + CA^2 + 2AB \cdot CA - BC^2 = 2\sqrt{3}\,AB \cdot CA \sin\alpha$$

由于 $BC^2 = AB^2 + CA^2 - 2AB \cdot CA \cos\alpha$，因此有

$$2r = \frac{AB-BC+CA}{\sqrt{3}} \ \Leftrightarrow\ 1+\cos\alpha = \sqrt{3}\sin\alpha$$

这等价于 $\sin(\alpha - 30^\circ) = \frac{1}{2}$，得出 $\alpha = 60^\circ$. □

证法二 设 $\triangle ABC$ 中 a,b,c 为边长，s 为半周长，r 为内径. 我们可以将条件

$$2r = \frac{AB-BC+CA}{\sqrt{3}}$$

记为

$$\frac{r}{s-a}=\frac{1}{\sqrt{3}} \tag{1}$$

根据熟知的公式

$$\tan\frac{A}{2}=\frac{r}{s-a}$$

式 (1) 变成

$$\tan\frac{A}{2}=\frac{1}{\sqrt{3}}$$

等价于 $\angle A=60^{\circ}$,证毕. □

9. 设 a,b,c 是三角形三边的长度. 证明

$$abc\geqslant(2a-b)(2b-c)(2c-a)$$

证明 记 $x=\frac{a+b-c}{2},y=\frac{b+c-a}{2},z=\frac{c+a-b}{2}$. 由于 a,b,c 为三角形的边长,因此 x, y,z 均为正数. 将不等式用 x,y,z 表示,得到

$$\prod_{\text{cyc}}(x+y)\geqslant\prod_{\text{cyc}}(2x+y-z)$$

将上式两边展开,得到要证的不等式为

$$\sum_{\text{cyc}}x^2y+\sum_{\text{cyc}}y^2x+2xyz\geqslant-2\sum_{\text{cyc}}x^3+2xyz+5\sum_{\text{cyc}}z^2x-\sum_{\text{cyc}}z^2y$$

等价于

$$\sum_{\text{cyc}}x^3+\sum_{\text{cyc}}y^2x\geqslant2\sum_{\text{cyc}}z^2x \tag{1}$$

根据均值不等式可得

$$z^3+x^2z\geqslant2z^2x \tag{2}$$

将不等式 (2) 及其轮换式相加,就得到要证的不等式 (1). □

10. 设 x,y,z 是正实数,满足

$$xy+yz+zx\geqslant\frac{1}{\sqrt{x^2+y^2+z^2}}$$

证明:$x+y+z\geqslant\sqrt{3}$.

证明 注意到

$$(xy+yz+zx)^2(x^2+y^2+z^2)\geqslant 1$$

因此根据均值不等式,得

$$\begin{aligned}(xy+yz+zx)^2(x^2+y^2+z^2) &\leqslant \left(\frac{x^2+y^2+z^2+2xy+2yz+2zx}{3}\right)^3\\ &=\left(\frac{x+y+z}{\sqrt{3}}\right)^6\end{aligned}$$

于是 $\left(\frac{x+y+z}{\sqrt{3}}\right)^6\geqslant 1$,证明完成. □

2013 年入学测试题解答

测试题 A

1. 有多少不以 5 开始,也不以 5 结束的 5 位数?

解 我们需要选择 5 个数码,第一个数码有 8 个选择(除了 0 和 5),接下来三个数码各有 10 种选择,最后一个数码有 9 种选择. 因此答案为 $8\times10^3\times9 = 72\,000$. □

2. 一个梯形的边长为 2,3,4,5,求它的面积.

解 首先,我们需要找到一个一般的公式,根据梯形的底边长 $AB = x, CD = y$ 和腰长 $BC = a, AD = b$ 来计算它的面积. 假定 $x < y, a < b$,我们需要找到梯形的高. 暂时假设这个梯形存在,于是将 BC 平移,使得 $B = A$,我们得到一个三角形,三边长分别为 $a, b, c = y - x$. 边长为 c 的边上的高就是梯形的高,可以用三角形的面积的两倍除以 c 来得到. 使用海伦公式,有

$$h = \frac{2\sqrt{s(s-a)(s-b)(s-c)}}{c}$$

如果这样的三角形存在,那么取一个长度为 y,并且平行于长度为 c 的边的向量 $\boldsymbol{v}$,将边长为 a 的边平移 $\boldsymbol{v}$,则得到腰长为 a, b,底边长为 x, y 的梯形. 熟知边长为 a, b, c 的三角形存在,当且仅当三角不等式成立. 我们对 (x, y) 进行枚举得到表 1.

表 1

(x,y)	(a,b)	$c=y-x$	$\max\{a,b,c\}$	$a+b-c$	h^2
$(2,3)$	$(4,5)$	1	5	0	–
$(2,4)$	$(3,5)$	2	5	0	–
$(2,5)$	$(3,4)$	3	4	2	$\frac{160}{9}$
$(3,4)$	$(2,5)$	1	5	-2	–
$(3,5)$	$(2,4)$	2	4	0	–
$(4,5)$	$(2,3)$	1	3	0	–

其中第 5 列的 $a+b-c$ 表示三条边中较短两边的长度之和减去最长边的长度. 根据三角不等式,需要 $a+b-c>0$. 因此满足条件的唯一解为 $h^2=\frac{160}{9}$. 所求梯形的面积为

$$\frac{(2+5)\times\frac{4\sqrt{10}}{3}}{2}=\frac{14\sqrt{10}}{3}$$

□

3. 求 $2^{25}-2$ 的最大素因子.

解 注意到

$$\begin{aligned}2^{25}-2 &= 2(2^{24}-1)\\ &= 2(2^{12}+1)(2^6+1)(2^3+1)(2^3-1)\\ &= 2(2^4+1)(2^8-2^4+1)(2^6+1)(2^3+1)(2^3-1)\end{aligned}$$

其中 $2^8-2^4+1=241$ 是素数,为最大的素因子. □

4. 点 P 是一个直径为 1 ft 的圆桌上的随机一点. 一个直径为 1 in(1 in = 2.54 cm) 的圆盘放在桌上, 其圆心在点 P. 这个圆盘完全位于圆桌内的概率是多少? (1 ft = 12 in)

解 如果圆盘完全在桌内,那么点 P 到桌子边缘的距离至少为 0.5 in. 如图 1 所示,其中 P 是圆盘中心,O 是圆桌中心.

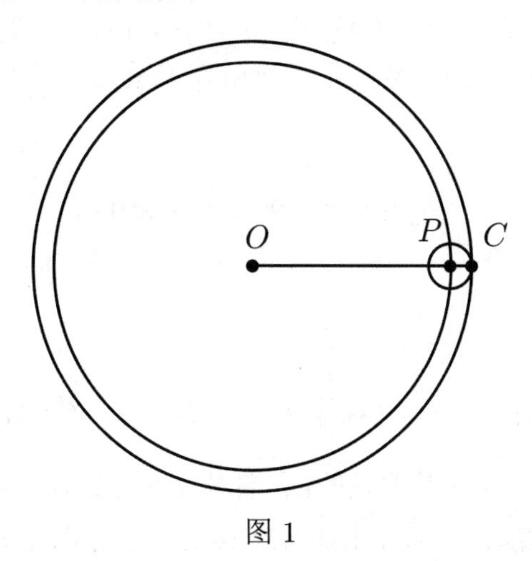

图 1

于是点 P 从一个直径为 12 in 的桌子中随机选取,符合要求的点位于直径为 11 in 的区域,二者的面积比为点 P 符合要求的概率,为 $\left(\frac{11}{12}\right)^2=\frac{121}{144}$. □

5. 求方程 $2(x^2+y^2)+x+y=5xy$ 的整数解.

解法一 方程可以改写为

$$2x^2+(1-5y)x+(2y^2+y)=0$$

将其看成关于 x 的二次方程. 该方程有整数解的必要条件为判别式是完全平方数,即

$$\Delta_x=(1-5y)^2-4\times 2(2y^2+y)=9y^2-18y+1=n^2$$

其中 $n\in\mathbb{N}$. 配方得到 $9(y-1)^2-8=n^2$,然后因式分解有

$$[3(y-1)-n][3(y-1)+n]=8$$

现在 $3(y-1)-n\leqslant 3(y-1)+n$ 是两个奇偶性相同的数,乘积为 8,因此可能的情况为

$$\begin{cases}3(y-1)-n=-4\\3(y-1)+n=-2\end{cases},\quad\begin{cases}3(y-1)-n=2\\3(y-1)+n=4\end{cases}$$

解得 $y=0,n=1$ 或者 $y=2,n=1$. 于是有 $(x,y)\in\{(0,0),(2,2)\}$. □

解法二 设 $x+y=a,xy=b$,则得到方程

$$2a^2+a-9b=0$$

注意到

$$(x-y)^2=a^2-4b=a^2-\frac{4}{9}(2a^2+a)=\frac{a^2-4a}{9}$$

即 $9(x-y)^2=a^2-4a$ 为完全平方数. 设 $(a-2)^2-4=n^2$. 类似解法一中的过程得到 $a-2=\pm2$,即 $a\in\{0,4\}$. 于是 b 分别为 $0,4$,解得 $(x,y)\in\{(0,0),(2,2)\}$. □

6. 求方程

$$\sqrt{2\ 013+2\sqrt{x}}-x=9$$

的正实数解.

解 我们有 $\sqrt{2\ 013+2\sqrt{x}}=x+9$,两边平方得到

$$2\ 013+2\sqrt{x}=x^2+18x+81\ \Rightarrow\ 2\sqrt{x}=x^2+18x-1\ 932 \tag{1}$$

注意到式 (1) 左端对 $x>0$ 是非负的,右端对 $x>\sqrt{2\ 013}-9\approx 35.86$ 是非负的. 取 $x=36$,发现这确实是一个解. 将式 (1) 两边同时除以 $\sqrt{x}$,得到

$$2=x^{3/2}+18x^{1/2}-1\ 932x^{-1/2}$$

上式右端对于 $x>0$ 为增函数,因此方程只有一个解 $x=36$. □

7. 设 a,b,c 为正实数,$a+b+c=1$. 求

$$S=2\left(\frac{a}{1-a}+\frac{b}{1-b}+\frac{c}{1-c}\right)+9(ab+bc+ca)$$

的最小值.

解 注意到

$$2\left(\frac{a}{1-a}+\frac{b}{1-b}+\frac{c}{1-c}\right)=2\left(\frac{a}{b+c}+\frac{b}{c+a}+\frac{c}{a+b}\right)$$

而根据均值不等式,有

$$\begin{aligned}\frac{9}{2}a(b+c)+\frac{2a}{b+c} &\geqslant 6a\\ \frac{9}{2}b(c+a)+\frac{2b}{a+c} &\geqslant 6b\\ \frac{9}{2}c(a+b)+\frac{2c}{a+b} &\geqslant 6c\end{aligned}$$

相加得到 $S\geqslant 6(a+b+c)=6$. 当 $a=b=c=\frac{1}{3}$ 时,三个均值不等式都取到等号,于是得到 S 的最小值为 6. □

8. 证明:对于每个正奇数 n,在十进制下 2^n 的位数和 5^n 的位数的奇偶性相同.

证明 设 a 是 k 位数,则 $10^{k-1}\leqslant a<10^k$. 设 2^n 和 5^n 分别为 a 位数和 b 位数,则有

$$10^{a-1}\leqslant 2^n<10^a,\quad 10^{b-1}\leqslant 5^n<10^b$$

而且当 $n\geqslant 1$ 时,两个等号均不能成立. 将两个不等式逐项相乘,并利用等号不成立,得到

$$10^{a+b-2}<10^n<10^{a+b}$$

于是 $a+b-2<n<a+b$,得到 $n=a+b-1$. 由于 n 是奇数,因此 $a+b$ 是偶数,即 a 和 b 的奇偶性相同. □

9. 求所有的等差数列 a,b,c,d,使得 $a-1,b-5,c-6,d-1$ 是一个等比数列.

解 设等比数列首项为 e, 公比为 f, 则有 $a=e+1$, $b=ef+5$, $c=ef^2+6$, $d=ef^3+1$. 记

$$g=ef^2+e-2ef$$

则利用 a,b,c,d 为等差数列得到

$$\begin{aligned} a+c-2b=0 &\quad\Rightarrow\quad g-3=0 \\ b+d-2c=0 &\quad\Rightarrow\quad fg-6=0 \end{aligned}$$

解得 $g=3$,$f=2$,代入得到 $e=3$. 于是 $(a,b,c,d)=(4,11,18,25)$. □

10. 证明:存在无穷多个正整数 a,b,c,d,使得 $a-b+c-d$ 和 $a^2-b^2+c^2-d^2$ 是相邻的奇数.

证明 * 例如,可以取

$$a=t^2+2t,\ c=t^2-1,\ b=d=t^2+t$$

其中整数 $t>1$. 直接计算得出

$$a-b+c-d=-1,\quad a^2-b^2+c^2-d^2=1$$

符合要求. 下面给出这个解的推导过程. 设

$$\begin{aligned} a-b+c-d=2k+1 \\ a^2-b^2+c^2-d^2=2k+3 \end{aligned} \tag{1}$$

将 $a=b+d+2k+1-c$ 代入方程 (1) 得到

$$(b+d+2k+1-c)^2-b^2+c^2-d^2=2k+3$$

$$2bd+2(b+d)(2k+1-c)^2+(2k+1-c)^2+c^2-(2k+3)=0$$

$$(b+2k+1-c)(d+2k+1-c)=2k^2+3k+2-(2k+1)c$$

于是 $2k^2+3k+2-(2k+1)c$ 可分解为两个因子 $d_1=b+2k+1-c$ 和 $d_2=d+2k+1-c$ 的乘积,然后可以得到

$$a=d_1+d_2-(2k+1-c),\ b=d_1-(2k+1-c),\ d=d_2-(2k+1-c)$$

因此两个因子 d_1,d_2 以及它们的和 d_1+d_2 均要大于 $2k+1-c$. 若取 k,使得 $2k+1<0$,取 c 较大,则 $2k^2+3k+2-(2k+1)c$ 为正数,$2k+1-c$ 为负数,这些条件容易满足. 取 $k=-1$,则 $2k^2+3k+2-(2k+1)c=c+1=t^2$,$d_1=d_2=t$,得到最开始给出的解. □

*英文原版中的证明有误,已重做. ——译者注

测试题 B

1. 设 p_n 为第 n 个素数,$n=1,2,\cdots$. 求最小的偶数 k,使得 $p_1+p_2+\cdots+p_k$ 不是素数.

解 记 $s_k=p_1+p_2+\cdots+p_k$. 直接计算得到

$$s_2=5,\ s_4=17,\ s_6=41,\ s_8=77=11\times 7$$

因此最小的 $k=8$. □

2. 已知 $4a+\frac{1}{4},4b+\frac{1}{4},4c+\frac{1}{4},4d+\frac{1}{4}$ 的和为 2 013,求 $a+\frac{1}{4},b+\frac{1}{4},c+\frac{1}{4},d+\frac{1}{4}$ 的算术平均值.

解 已知给出 $4(a+b+c+d)+1=2\ 013$,即 $a+b+c+d=503$. 因此所求的算术平均值为

$$\frac{1}{4}(a+b+c+d+1)=126$$

□

3. 求最小的正整数 n,使得 $1+2+\cdots+n$ 被 2 013 整除.

解 注意到

$$1+2+\cdots+n=\frac{n(n+1)}{2}$$

我们要找最小的正整数 n,使得 $2\ 013\mid\frac{n(n+1)}{2}$. 于是 $2\ 013\mid n(n+1)$,注意到 $2\ 013=3\times 11\times 61$. 对模 $p\in\{3,11,61\}$ 分别求解同余方程 $n(n+1)\equiv 0\pmod p$,得到

$$n\equiv 0,-1\pmod 3,\ n\equiv 0,-1\pmod{11},\ n\equiv 0,-1\pmod{61}$$

根据中国剩余定理,模 3, 11, 61 的每个选择都可以得到 $n\pmod{2\ 013}$ 的解. 最终得到

$$n\pmod{2\ 013}\in\{549,671,792,1\ 220,1\ 341,1\ 463,2\ 012,2\ 013\}$$

因此满足条件的最小的正整数为 $n=549$. □

4. 是否存在 14 位完全平方数,其具有形式 $20\ 13a\ bcd\ efg\ hij$,其中 $a,b,\cdots,j$ 都是不同的数码?

解 注意到所有数码和为 $2+0+1+3+0+1+\cdots+9=51$. 因此这个数为 3 的倍数,但不是 9 的倍数,所以这个数不可能是完全平方数. □

5. 数 $2^9-2, 3^9-3, \cdots, 2\,013^9-2\,013$ 的最大公约数是多少?

解 设 d 为所有数 $n^9-n, n=2,3,\cdots,2\,013$ 的最大公约数,我们证明 $d=30$. 根据费马小定理,对任意整数 n,有

$$\begin{aligned} n^2 &\equiv n \pmod 2 \\ n^3 &\equiv n \pmod 3 \\ n^5 &\equiv n \pmod 5 \end{aligned}$$

因此

$$n^9 \equiv n^8 \equiv n^7 \equiv \cdots \equiv n \pmod 2$$

$$n^9 = (n^3)^3 \equiv n^3 \equiv n \pmod 3$$

$$n^9 = n^5 \cdot n^4 \equiv n \cdot n^4 \equiv n \pmod 5$$

因此得到 $n^9 \equiv n \pmod{30}$,即 $30 \mid (n^9-n)$. 于是 $30 \mid d$.

由因式分解 $x^9-x=x(x-1)(x+1)(x^2+1)(x^4+1)$ 可以得到

$$2^9-2=2\times3\times5\times17, \quad 3^9-3=2^5\times3\times5\times41$$

因此 $\gcd(2^9-2, 3^9-3)=30$. 于是 $d \mid 30$,结合前面的 $30 \mid d$,必有 $d=30$. □

6. 设 n 为大于 1 的整数,化简

$$\frac{n^3+(n^2-4)\sqrt{n^2-1}-3n^2+4}{n^3+(n^2-4)\sqrt{n^2-1}+3n^2-4}$$

解 注意到

$$n^3-3n^2+4=(n-2)^2(n+1)$$

$$n^3+3n^2-4=(n+2)^2(n-1)$$

设 N 和 D 分别为题目中表达式的分子和分母,则有

$$\begin{aligned} N &= (n-2)^2(n+1)+(n^2-4)\sqrt{n^2-1} \\ &= (n-2)\sqrt{n+1}\left[(n-2)\sqrt{n+1}+(n+2)\sqrt{n-1}\right] \end{aligned}$$

以及

$$\begin{aligned} D &= (n+2)^2(n-1)+(n^2-4)\sqrt{n^2-1} \\ &= (n+2)\sqrt{n-1}\left[(n+2)\sqrt{n-1}+(n-2)\sqrt{n+1}\right] \end{aligned}$$

因此

$$\frac{n^3+(n^2-4)\sqrt{n^2-1}-3n^2+4}{n^3+(n^2-4)\sqrt{n^2-1}+3n^2-4}=\frac{(n-2)\sqrt{n^2-1}}{(n+2)(n-1)}$$

□

7. 设 $\binom{n}{k}$ 表示从 n 个物体中任取 k 个的方法数. 求最大的两位数 n,使得 $\binom{n}{3}\binom{n}{4}$ 为完全平方数.

解 注意到

$$4\cdot\binom{n}{3}\binom{n}{4}=\binom{n}{3}\cdot(n-3)\binom{n}{3}=\binom{n}{3}^2(n-3)$$

因此 $\binom{n}{3}\binom{n}{4}$ 为完全平方数,当且仅当 $n-3$ 为完全平方数. 满足条件的最大的正整数 $n\leqslant 99$ 满足 $n-3=81$,即 $n=84$. □

8. 解方程

$$\lfloor x\rfloor^2+4\{x\}^2=4x-5$$

其中 $\lfloor a\rfloor$ 和 $\{a\}$ 分别表示不超过 a 的最大整数和 a 的小数部分.

解 设 $x=n+t$,其中 $n\in\mathbb{Z},0\leqslant t<1$. 方程变为

$$n^2+4t^2=4(n+t)-5 \Rightarrow (n-2)^2+(2t-1)^2=0$$

因此 $n=2,t=\frac{1}{2}$,得到 $x=\frac{5}{2}$. □

9. 设 a 和 b 是非负实数. 证明

$$(a+b)^5\geqslant 12ab(a^3+b^3)$$

证明 记 $x=a^2+b^2,y=ab$,则有

$$(a+b)^5-12ab(a^3+b^3)=(a+b)\left[(a+b)^4-12ab(a^2+b^2-ab)\right]$$

而

$$\begin{aligned}(a+b)^4-12ab(a^2+b^2-ab) &= x^2+4y^2+4xy-12y(x-y)\\ &= x^2+16y^2-8xy\\ &= (x-4y)^2\\ &= (a^2+b^2-4ab)^2\end{aligned}$$

因此

$$(a+b)^5-12ab(a^3+b^3)=(a+b)(a^2+b^2-4ab)^2\geqslant 0$$

等号成立,当且仅当

$$a^2+b^2=4ab \tag{1}$$

解得 $a=b=0$ 或者 $\frac{a}{b}+\frac{b}{a}=4$. 记 $t=\frac{a}{b}$,方程 (1) 等价于 $t^2-4t+1=0$,解得 $t=2\pm\sqrt{3}$,即 $a=(2\pm\sqrt{3})b$. □

10. 在 $\triangle ABC$ 中,$2\angle A=3\angle B$. 证明

$$(a^2-b^2)(a^2+ac-b^2)=b^2c^2$$

证明 我们有 $\angle A=\frac{3\angle B}{2}$,$\angle C=\pi-\frac{3\angle B}{2}-\angle B$,因此有

$$\begin{aligned}&a=2R\sin\frac{3B}{2}\\ &b=2R\sin B\\ &c=2R\sin\left(\pi-\frac{5B}{2}\right)=2R\sin\frac{5B}{2}\end{aligned}$$

其中 R 为 $\triangle ABC$ 的外径. 要证的恒等式变为

$$\left(\sin^2\frac{3B}{2}-\sin^2 B\right)\left(\sin^2\frac{3B}{2}-\sin^2 B+\sin\frac{3B}{2}\sin\frac{5B}{2}\right)=\sin^2 B\sin^2\frac{5B}{2} \tag{1}$$

利用恒等式

$$\sin^2 u-\sin^2 v=\sin(u+v)\sin(u-v)$$

得到式 (1) 左边为

$$\begin{aligned}&\sin\frac{5B}{2}\sin\frac{B}{2}\left(\sin\frac{5B}{2}\sin\frac{B}{2}+\sin\frac{3B}{2}\sin\frac{5B}{2}\right)\\ =&\sin^2\frac{5B}{2}\sin\frac{B}{2}\left(\sin\frac{B}{2}+\sin\frac{3B}{2}\right)\end{aligned}$$

现在利用积化和差公式 $\sin u+\sin v=2\sin\frac{u+v}{2}\cos\frac{u-v}{2}$,得到

$$\sin\frac{B}{2}\left(\sin\frac{B}{2}+\sin\frac{3B}{2}\right)=\sin\frac{B}{2}2\sin B\cos\frac{B}{2}=\sin^2 B$$

这样就完成了证明. □

测试题 C

1. 设 p_k 为第 k 个素数. 求最小的 n,使得

$$(p_1^2+1)(p_2^2+1)\cdots(p_n^2+1)$$

被 10^6 整除.

解 熟知奇数的平方模 4 余 1,因此对每个 $k\geqslant 2$,有 $p_k^2+1\equiv 2 \pmod 4$,即 p_k^2+1 为 2 的倍数但不是 4 的倍数,于是 $n\geqslant 7$. 若 $n=7$,则题目中的式子为

$$5\times 10\times 26\times 50\times 122\times 170\times 290=10^6\times 13\times 17\times 29\times 61$$

显然为 10^6 的倍数,因此 $n=7$. □

2. 解方程组

$$\begin{cases} x!y!=6! \\ y!z!=7! \\ z!x!=10! \end{cases}$$

解 将题目中的前两个方程相乘并除以第三个,得到

$$(y!)^2=\frac{6!\times 7!}{10!}=\frac{6!}{8\times 9\times 10}=1$$

因此 $y=1$. 代入得到 $(x,y,z)=(6,1,7)$. □

3. 设非零实数 a,b,c 满足 $a+b+c=0$. 计算

$$\frac{a^2}{a^2-(b-c)^2}+\frac{b^2}{b^2-(c-a)^2}+\frac{c^2}{c^2-(a-b)^2}$$

解 注意到

$$a^2-(b-c)^2=(b+c)^2-(b-c)^2=4bc$$

类似地,得到 $b^2-(c-a)^2=4ac, c^2-(a-b)^2=4ab$. 因此原式等于

$$\frac{1}{4}\left(\frac{a^2}{bc}+\frac{b^2}{ca}+\frac{c^2}{ab}\right)=\frac{a^3+b^3+c^3}{4abc}=\frac{3abc}{4abc}=\frac{3}{4}$$

其中我们用到了 $a^3+b^3+c^3-3abc$ 能被 $a+b+c$ 整除，而 $a+b+c=0$，因此 $a^3+b^3+c^3=3abc$. □

4. 证明：对任意实数 a 和 b，有

$$(a^2-b^2)^2 \geqslant ab(2a-3b)(3a-2b)$$

证明 若 $b=0$，则不等式显然成立. 若 $b\neq 0$，根据齐次性，可设 $x=\frac{a}{b}$，用题目中不等式的左端减右端，然后再用两端同时除以 b^4，得到等价的不等式为

$$\begin{aligned}&(x^2-1)^2-x(2x-3)(3x-2)\geqslant 0\\ \Leftrightarrow\ &x^4-6x^3+11x^2-6x+1\geqslant 0\\ \Leftrightarrow\ &(x^2-3x+1)^2\geqslant 0\end{aligned}$$

因此不等式成立，等号成立，当且仅当 $x^2-3x+1=0$，解得 $x=\frac{3\pm\sqrt{5}}{2}$，即

$$\frac{a}{b}\in\left\{\frac{3+\sqrt{5}}{2},\frac{3-\sqrt{5}}{2}\right\}$$

□

5. 求所有的素数 p,q,r，满足 $7p^3-q^3=r^6$.

解 若 $q=r$，则 $q^6+q^3=7p^3$，并且左端为偶数. 因此 $p=2$，得到 $q^6+q^3-56=0$，无素数解，因此 $q\neq r$. 题目中的方程可以改写为

$$(q+r^2)(q^2-qr^2+r^4)=7p^3 \tag{1}$$

设 $d=\gcd(q+r^2,q^2-qr^2+r^4)$，则

$$d\mid\left[(q+r^2)(q-2r^2)-(q^2-qr^2+r^4)\right]=-3r^4$$

$$d\mid\left[(r^2+q)(r^2-2q)-(q^2-qr^2+r^4)\right]=-3q^2$$

因此 $d\mid\gcd(-3r^4,-3q^2)=3(r^4,q^2)=3$，于是 $d\in\{1,3\}$. 此外还有

$$q^2-qr^2+r^4=\frac{1}{2}(q-r^2)^2+\frac{1}{2}(q^2+r^4)>q+r^2\geqslant 7$$

（其中 $(q-r^2)^2>0, q\geqslant 2, r^2>2$）. 有两种情况：

(i) 若 $d=3$,则方程 (1) 的左端为 9 的倍数,于是 $p=3$. 我们需将 7×27 分解成为两个数的乘积,第一个至少为 7,第二个大于 7,二者的公约数为 3,因此必然一个为 9,一个为 21. 于是有

$$\begin{cases} q+r^2=9 \\ q^2-qr^2+r^4=21 \end{cases}$$

显然第一个方程只能解出 $r=2$, $q=5$, 此时第二个方程也成立, 因此得到 $(q,r)=(5,2)$,于是 $(p,q,r)=(3,5,2)$.

(ii) 若 $d=1$, 则式 (1) 左端的两个数均至少为 7, 最大公约数为 1, 乘积为 $7p^3$. 因此一个为 7, 另一个为 p^3. 由于 $p^3>7$, 因此必然有 $q+r^2=7$, 解得 $(q,r)=(3,2)$. 此时 $q^2-qr^2+r^4=13\neq p^3$,无解.

综上所述,方程的唯一解为 $(p,q,r)=(3,5,2)$. □

6. 证明:对任意正奇数 n,有 24 整除 n^n-n.

证明 我们有 $n^n-n=n(n^{n-1}-1)$,由于 $n-1$ 为偶数,因此

$$n^{n-1}\equiv 1 \pmod 8 \ \Rightarrow\ 8 \mid (n^n-n)$$

进一步,若 $\gcd(n,3)=1$,则

$$n^{n-1}-1=(n^{\frac{n-1}{2}})^2-1\equiv 1-1\equiv 0 \pmod 3$$

若 $\gcd(n,3)=3$,则 $3\mid n$,于是 $3\mid (n^n-n)$.

由于 n^n-n 同时被 8 和 3 整除,因此它是 24 的倍数. □

7. 求所有的正整数对 (m,n),满足

$$m(n+1)+n(m-1)=2\ 013$$

解 将方程改写为 $2mn+m-n=2\ 013$,两端同时乘以 2,然后部分因式分解,得到

$$(2m-1)(2n+1)=4\ 025$$

于是考虑将 4 025 分解成两个奇数 $a=2m-1$ 和 $b=2n+1$ 的乘积,其中 $a\geqslant 1$, $b>1$. 因为 $4\ 025=5^2\times 7\times 23$,所以共有 11 种满足要求的分解,每种分解都能得到相应的 m,n. 最终的解 (m,n) 为

$$\{(1,2\ 012),(3,402),(4,287),(12,87),(13,80),(18,57),$$
$$(58,17),(81,12),(88,11),(288,3),(403,2)\}$$

□

8. 正实数 a,b,c 满足 $\frac{1}{a}+\frac{1}{b}+\frac{1}{c}=\frac{2\ 013}{a+b+c}$,计算

$$\left(1+\frac{a}{b}\right)\left(1+\frac{b}{c}\right)\left(1+\frac{c}{a}\right)$$

解法一 题目条件可改写为

$$(a+b+c)\left(\frac{1}{a}+\frac{1}{b}+\frac{1}{c}\right)=2\ 013$$
$$\Leftrightarrow \frac{(a+b+c)(ab+bc+ca)}{abc}=2\ 013$$

又有

$$\begin{aligned}&\left(1+\frac{a}{b}\right)\left(1+\frac{b}{c}\right)\left(1+\frac{c}{a}\right)+1\\=\ &\frac{(a+b)(b+c)(c+a)}{abc}+1=\frac{\sum a^2b+3abc}{abc}\\=\ &\frac{(a+b+c)(ab+bc+ca)}{abc}=2\ 013\end{aligned}$$

因此 $\left(1+\frac{a}{b}\right)\left(1+\frac{b}{c}\right)\left(1+\frac{c}{a}\right)=2\ 012$. □

解法二 题目条件给出

$$\left(\sum_{\text{cyc}}a\right)\left(\sum_{\text{cyc}}\frac{1}{a}\right)=3+\sum_{\text{cyc}}\frac{a}{b}+\sum_{\text{cyc}}\frac{b}{a}$$

因此

$$\sum_{\text{cyc}}\frac{a}{b}+\sum_{\text{cyc}}\frac{b}{a}=2\ 010$$

可得

$$\prod_{\text{cyc}}\left(1+\frac{a}{b}\right)=2+\sum_{\text{cyc}}\frac{a}{b}+\sum_{\text{cyc}}\frac{b}{a}=2\ 012$$

□

9. 将 $17^{17}+17^7$ 写成两个完全平方数之和.

解 我们有

$$\begin{aligned}17^{17}+17^7&=17(17^{16}+17^6)\\&=(4^2+1)\left[(17^8)^2+(17^3)^2\right]\\&=(4\times17^8-17^3)^2+(4\times17^3+17^8)^2\end{aligned}$$

其中使用了拉格朗日恒等式

$$(a^2+b^2)(c^2+d^2)=(ac-bd)^2+(ad+bc)^2$$

□

10. 设非零实数 a,b,c 不全相等，并且它们满足

$$\frac{1}{a}+\frac{1}{b}+\frac{1}{c}=1,\ a^3+b^3+c^3=3(a^2+b^2+c^2)$$

证明：$a+b+c=3$.

证明 设 $p=a+b+c, q=ab+bc+ca, r=abc$. 题目条件给出

$$q=r \tag{1}$$

$$p^3-3pq+3r=3(p^2-2q) \tag{2}$$

将式 (1) 代入式 (2)，得到

$$p^3-3pq+3q=3p^2-6q$$

因此 $p^3-3p^2-3pq+9q=0$，因式分解得到 $(p-3)(p^2-3q)=0$. 注意到

$$p^2-3q=\frac{1}{2}\left[(a-b)^2+(b-c)^2+(c-a)^2\right]$$

根据题目条件 a,b,c 不全相等，得 $p^2-3q>0$，于是 $p=3$. □

2014 年入学测试题解答

测试题 A

1. 证明:2 014 可以写成 $(a^2+b^2)(c^3-d^3)$ 的形式,其中 a,b,c,d 为正整数.

证明 注意到 $2\,014=106\times 19=(5^2+9^2)(3^3-2^3)$,因此只需取 $a=5,b=9$,$c=3,d=2$ 即可. □

2. 求方程

$$\sqrt[3]{x+2+(x-1)\sqrt{2}}+\sqrt[3]{x+2-(x-1)\sqrt{2}}=\sqrt[3]{4x}$$

的实数解.

解 利用恒等式 $(a+b)^3=a^3+b^3+3ab(a+b)$,得到

$$4x=x+2+(x-1)\sqrt{2}+x+2-(x-1)\sqrt{2}+3\sqrt[3]{(x+2)^2-2(x-1)^2}\sqrt[3]{4x}$$

于是

$$2x-4=3\sqrt[3]{(-x^2+8x+2)(4x)}$$

立方得到

$$\frac{(2x-4)^3}{4}=27(-x^3+8x^2+2x)$$

化简为

$$29x^3-228x^2-30x-16=0 \tag{1}$$

考察 16 的因子,发现 $x=8$ 是方程 (1) 的一个解,约去 $x-8$ 后得到方程

$$29x^2+4x+2=0$$

没有实数解. 因此 $x=8$ 是唯一的解. □

3. 是否存在可以写成 $n+\frac{2\,014}{n}$ 形式的完全立方数,其中 n 是正整数?

解 显然,n 必须是 2 014 的因子. 定义函数

$$f(n)=n+\frac{2\,014}{n}$$

我们发现

$$f(n)=f\left(\frac{2\,014}{n}\right)$$

因此只需验证因子中满足 $n\leqslant\left\lfloor\sqrt{2\,014}\right\rfloor=44$ 的数,即 $n\in\{1,19,38\}$.

代入发现 $n=19$,即 $19+106=125=5^3$. □

4. 任给一个包含 11 个字母的词,一个程序随机移除它的 7 个字母. 如果输入的词是 AWESOMEMATH,那么输出的词是 WEST 的概率是多少?

解 程序有 $\binom{11}{7}$ 种方法移除 7 个字母,其中只有一种使得输出的词为 WEST,这是由于 W, S, T 均只出现一次,而介于 W 和 S 之间的 E 只有 1 个. 因此概率为 $\frac{1}{\binom{11}{7}}\approx 0.003=0.3\%$. □

5. 利用 $1^2,29^2,41^2$ 构成等差数列的事实,求解方程

$$\sqrt{x-21}+2\sqrt{x}+\sqrt{x+21}=5\sqrt{10}$$

解 等差数列 $1^2,29^2,41^2$ 的公差为 $840=21\times 40$,因此

$$\frac{29^2}{40}-21=\frac{1^2}{40},\quad \frac{29^2}{40}+21=\frac{41^2}{40}$$

而

$$\frac{1}{\sqrt{40}}+\frac{2\times 29}{\sqrt{40}}+\frac{41}{\sqrt{40}}=\frac{100}{2\sqrt{10}}=5\sqrt{10}$$

这说明 $x=\frac{29^2}{40}$ 为方程的解. 另外,函数

$$f(x)=\sqrt{x-21}+2\sqrt{x}+\sqrt{x+21}$$

是增函数,因此 $f(x)=5\sqrt{10}$ 有唯一解,即 $x=\frac{841}{40}$. □

6. 求可以整除数 $\underbrace{99\cdots 9}_{n\text{ 个 }9}04$ 的 2 的最高次幂,其中 n 是正整数.

解 注意到 $99\,904=2^6\times 7\times 223$ 是 2^6 的倍数. 但是任意的 $\underbrace{99\cdots 9}_{n\text{ 个 }9}04(n\geqslant 4)$ 都是 10^5 的奇数倍加上 2^6 的倍数,因此不是 2^6 的倍数. 又因为 $904=8\times 113$, $9\,904=16\times 619$,所以满足题目中条件的 2 的最高次幂为 $2^6=64$. □

7. 求实数 a，使得等差数列 a,b,c,d,e 满足

$$a-b+c+d+e=2\ 014, a^2+b^2+c^2=d^2+e^2$$

解 设 $a=x-2y, b=x-y, c=x, d=x+y, e=x+2y$，则有

$$a-b+c+d+e=3x+2y=2\ 014$$

$$a^2+b^2+c^2=d^2+e^2 \Rightarrow 3x^2-6xy+5y^2=2x^2+6xy+5y^2$$

因此 $x^2=12xy$. 若 $x=0$，则 $y=1\ 007$. 若 $x\neq 0$，则 $x=12y$，代入得到 $38y=2\ 014$，解得 $y=53, x=636$. 因此题目的答案为 $a\in\{-2\ 014, 530\}$. □

8. 求所有的整数对 (m,n)，使得 $m^2+mn+n^2=13$.

解法一 我们把方程看成关于 m 的二次方程

$$m^2+mn+(n^2-13)=0$$

由于 m 是整数，因此 $\Delta_m=n^2-4(n^2-13)=52-3n^2$ 为完全平方数. 于是 $3n^2\leqslant 52$，得到 $|n|\leqslant 4$. 代入验证得到，当 $n\in\{\pm1,\pm3,\pm4\}$ 时，得到 m 为整数. 因此

$$(m,n)\in\{\pm(1,3),\pm(1,-4),\pm(3,-4)\}$$

或其轮换. □

解法二 将方程写成

$$3(m+n)^2+(m-n)^2=52$$

因此 $3(m+n)^2\leqslant 52$，于是 $|m+n|\leqslant 4$. 快速检验发现，当 $|m+n|=1,3,4$ 时，分别得到 $|m-n|=7,5,2$，为整数. 于是求解如下的方程组

$$\begin{cases}|m+n|=1\\|m-n|=7\end{cases}, \begin{cases}|m+n|=3\\|m-n|=5\end{cases}, \begin{cases}|m+n|=4\\|m-n|=2\end{cases}$$

得到

$$\begin{aligned}(m,n)\ \in\ &\{(-3,-1),(4,-1),(-4,1),(3,1),(-1,-3),(4,-3),\\&(-4,3),(1,3),(1,-4),(3,-4),(-3,4),(-1,4)\}\end{aligned}$$

□

9. 求方程

$$x^3+\lfloor x\rfloor^3+\{x\}^3=6x\lfloor x\rfloor\{x\}$$

的实数解,其中 $\lfloor a\rfloor$ 和 $\{a\}$ 分别表示不超过 a 的最大整数以及 a 的小数部分.

解 设 $x=n+t$,其中 $n\in\mathbb{Z},0\leqslant t<1$. 于是方程变为

$$(n+t)^3+n^3+t^3=6(n+t)nt$$

化简为

$$\begin{aligned}(n+t)\left[(n+t)^2+n^2-nt+t^2-6nt\right]&=0\\(n+t)(2n^2-5nt+2t^2)&=0\\(n+t)(2n-t)(n-2t)&=0\end{aligned}$$

因此 $n\in\left\{-t,2t,\frac{t}{2}\right\}$.

由于 $n\in\mathbb{Z},0\leqslant t<1$,因此符合要求的有 $(n,t)\in\{(0,0),(1,\frac{1}{2})\}$,得出 $x=0$ 或者 $x=\frac{3}{2}$. □

10. 解方程

$$(x+1)^{\frac{2}{3}}+(x+2)^{\frac{2}{3}}-(x+3)^{\frac{2}{3}}=(x^2-4)^{\frac{1}{3}}$$

解 设

$$(x+1)^{\frac{2}{3}}+(x+2)^{\frac{2}{3}}=(x+3)^{\frac{2}{3}}+(x^2-4)^{\frac{1}{3}}=y$$

注意到 $(x+1)^{\frac{2}{3}}+(x+2)^{\frac{2}{3}}>0$,因此 $y>0$. 利用恒等式

$$(a+b)^3=a^3+b^3+3ab(a+b)$$

可得

$$\begin{aligned}&(x+1)^2+(x+2)^2+3y(x^2+3x+2)^{\frac{2}{3}}\\=&(x+3)^2+x^2-4+3y\left[(x^2+6x+9)(x^2-4)\right]^{\frac{1}{3}}\end{aligned}$$

由于 $(x+1)^2+(x+2)^2=(x+3)^2+x^2-4$,并且 $y\neq 0$,因此

$$(x^2+3x+2)^2=(x^2+6x+9)(x^2-4)$$

化简得到 $8x^2+36x+40=0$,解得 $x=-2$ 以及 $x=-\frac{5}{2}$. 经验证,二者都是方程的解. □

测试题 B

1. 证明:$145\ 678 + 456\ 781 + 567\ 814 + 678\ 145 + 781\ 456 + 814\ 567$ 是 6 个不同素数的乘积.

证明 设这个数为 S,则

$$\begin{aligned} S &= 111\ 111(1+4+5+6+7+8) \\ &= 3 \times 7 \times 11 \times 13 \times 31 \times 37 \end{aligned}$$

□

2. 如果三个数的几何平均、算术平均、平方平均分别为 3,4,5,那么这三个数的调和平均是多少?

解 设这三个数为 x,y,z,则有方程

$$\begin{aligned} \sqrt[3]{xyz} &= 3 \\ \frac{x+y+z}{3} &= 4 \\ \sqrt{\frac{x^2+y^2+z^2}{3}} &= 5 \end{aligned}$$

化简得到

$$xyz = 27$$

$$x+y+z = 12 \tag{1}$$

$$x^2+y^2+z^2 = 75 \tag{2}$$

将式 (1) 两边平方后减去式 (2),然后除以 2,得到

$$xy+yz+zx = \frac{69}{2}$$

因此三个数的调和平均为

$$\frac{3}{\frac{1}{x}+\frac{1}{y}+\frac{1}{z}} = \frac{3xyz}{xy+yz+zx} = \frac{54}{23}$$

□

3. 求所有的正整数 n,使得 $\frac{(n+9)^2}{n+4}$ 是整数.

解 注意到

$$(n+9)^2 \equiv 5^2 = 25 \pmod{n+4}$$

因此 $(n+4) \mid (n+9)^2$，当且仅当 $(n+4) \mid 25$. 由于 n 是正整数，因此有 $n+4 \in \{5, 25\}$，即 $n \in \{1, 21\}$. □

4. 求所有的六元数组 (A, B, C, D, E, F)，满足

$$\overline{AAA} + \overline{BBB} + \overline{CCC} = \overline{DD} \times \overline{EF}$$

其中 $A, B, \cdots, F$ 为不同的十进制数码，并且上面的十进制数的首位均非零.

解 所给的方程可以改写为

$$111(A+B+C) = 11D \cdot \overline{EF}$$

由于 $\gcd(11, 111) = 1$，因此 $11 \mid (A+B+C)$. 又因为 $3 \leqslant A+B+C \leqslant 27$，所以 $A+B+C \in \{11, 22\}$.

若 $A+B+C=11$，则 $111 = D \cdot \overline{EF}$. 因为 $111 = 3 \times 37$，并且 37 是素数，所以必有 $D=3, \overline{EF}=37$，此时 $D=E$，不符合要求.

若 $A+B+C=22$，则 $222 = D \cdot \overline{EF}$. 因为 $222 = 2 \times 3 \times 37$，所以 $D=3$，$\overline{EF}=74$ 或者 $D=6, \overline{EF}=37$. 快速检验 A, B, C 的可能值，得到如下的解

$$(A, B, C, D, E, F) \in \{(5, 8, 9, 3, 7, 4), (5, 8, 9, 6, 3, 7)\}$$

□

5. 计算 $\displaystyle\sum_{d \mid 2\ 014} \frac{1}{d^2 + 2\ 014}$.

解 记 $f(d) = \frac{1}{d^2+2\ 014}$，注意到

$$\begin{aligned} f(d) + f\left(\frac{2\ 014}{d}\right) &= \frac{1}{d^2+2\ 014} + \frac{1}{\frac{2\ 014^2}{d^2} + 2\ 014} \\ &= \frac{1}{d^2+2\ 014} + \frac{d^2}{2\ 014(d^2+2\ 014)} \\ &= \frac{1}{2\ 014} \end{aligned}$$

因此

$$\sum_{d \mid 2\ 014} f(d) = \frac{1}{2} \sum_{d \mid 2\ 014} \left[f(d) + f\left(\frac{2\ 014}{d}\right)\right] = \frac{\tau(2\ 014)}{2 \times 2\ 014} = \frac{2}{1\ 007}$$

□

6. 求所有的有序正整数对 (m,n),使得 $\frac{3m+1}{n}$ 和 $\frac{3n+1}{m}$ 都是整数.

解 根据 $n \mid (3m+1)$,$m \mid (3n+1)$,可得

$$mn \mid (3n+1)(3m+1) = 9mn + 3m + 3n + 1$$

于是 $mn \mid (3m+3n+1)$. 进一步有

$$mn \leqslant 3m + 3n + 1 \Rightarrow (m-3)(n-3) \leqslant 10$$

不妨设 $m \leqslant n$,则 $\sqrt{10} \geqslant m-3$,因此 $m \leqslant 6$. 又显然 m 和 n 都不是 3 的倍数,于是 $m \in \{1,2,4,5\}$.

(i) 若 $m=1$,则 $n \mid 4$,得到 $n \in \{1,2,4\}$,此时 $m \mid (3n+1)$ 均成立.

(ii) 若 $m=2$,则 $n \mid 7$,于是 $n=7$,验证 $2 \mid (3 \times 7+1)$,满足要求.

(iii) 若 $m=4$,则 $n \mid 13$,于是 $n=13$,验证 $4 \mid (3 \times 13+1)$,满足要求.

(iv) 若 $m=5$,则 $n \mid 16$,利用假设 $m \leqslant n$,得到 $n \in \{8,16\}$,验证 $m \mid (3n+1)$,得到 $n=8$,符合要求.

综上所述,所有的解为

$$(m,n) \in \{(1,1),(1,2),(1,4),(2,7),(4,13),(5,8)\}$$

或其轮换. □

7. 求方程组

$$\begin{cases} x^2 - yz = \frac{1}{x} \\ y^2 - zx = \frac{2}{y} \\ z^2 - xy = -\frac{3}{z} \end{cases}$$

的实数解.

解 通分可以将方程组改写为

$$\begin{cases} x^3 - xyz = 1 \\ y^3 - xyz = 2 \\ z^3 - xyz = -3 \end{cases} \Rightarrow \begin{cases} x^3 = xyz + 1 \\ y^3 = xyz + 2 \\ z^3 = xyz - 3 \end{cases}$$

将得到的方程组中的三个等式相乘并记 $t = xyz$,则得到

$$t^3 = (t+1)(t+2)(t-3) \Rightarrow -7t - 6 = 0$$

因此 $xyz=-\frac{6}{7}$,代入到改写后的方程组得到

$$(x,y,z)=\left(\frac{1}{\sqrt[3]{7}},\frac{2}{\sqrt[3]{7}},-\frac{3}{\sqrt[3]{7}}\right)$$

□

8. 求所有的正实数三元组 (x,y,z),使得

$$\left(\frac{x^2}{1}\right)^3+\left(\frac{y^2}{2}\right)^3+\left(\frac{z^2}{3}\right)^3=\left(\frac{x^3+y^3+z^3}{6}\right)^2$$

解 根据柯西不等式,有

$$\left[\left(\frac{1}{6}\right)^2+\left(\frac{2\sqrt{2}}{6}\right)^2+\left(\frac{3\sqrt{3}}{6}\right)^2\right]\left[\left(\frac{x^3}{1}\right)^2+\left(\frac{y^3}{2\sqrt{2}}\right)^2+\left(\frac{z^3}{3\sqrt{3}}\right)^2\right]$$
$$\geqslant\left(\frac{x^3+y^3+z^3}{6}\right)^2$$

又因为 $\left(\frac{1}{6}\right)^2+\left(\frac{2\sqrt{2}}{6}\right)^2+\left(\frac{3\sqrt{3}}{6}\right)^2=1$,所以总有

$$\left(\frac{x^2}{1}\right)^3+\left(\frac{y^2}{2}\right)^3+\left(\frac{z^2}{3}\right)^3\geqslant\left(\frac{x^3+y^3+z^3}{6}\right)^2$$

由于柯西不等式的等号成立,因此对应项成比例,存在实数 k,使得

$$\left(x^3,\frac{y^3}{2\sqrt{2}},\frac{z^3}{3\sqrt{3}}\right)=k(1,2\sqrt{2},3\sqrt{3})$$

于是 $(x,y,z)=(\lambda,2\lambda,3\lambda)$,其中 $\lambda\in\mathbb{R}$. □

9. 将 $6^{5\,432}$ 写成三个正整数的立方之和.

解 我们有 $6^2=36=1^3+2^3+3^3$,因此

$$\begin{aligned}6^{5\,432}&=6^2\times6^{5\,430}\\&=(1^3+2^3+3^3)(6^{1\,810})^3\\&=(1\times6^{1\,810})^3+(2\times6^{1\,810})^3+(3\times6^{1\,810})^3\end{aligned}$$

□

10. 证明:多项式 $P(x)=x^3-3x^2-6x-4$ 有一个根具有形式 $\sqrt[3]{a}+\sqrt[3]{b}+\sqrt[3]{c}$,其中 a,b,c 是不同的正整数.

证明 我们有

$$P(x)=(x-1)^3-9x-3=(x-1)^3-9(x-1)-12$$

设 α 是 $P(x)$ 的一个根,$\beta=\alpha-1$ 是多项式

$$Q(y)=y^3-9y-12$$

的根. 记 $\beta=a+\frac{3}{a}$,则

$$\beta^3=a^3+\frac{27}{a^3}+9\left(a+\frac{3}{a}\right)=a^3+\frac{27}{a^3}+9\beta$$

即

$$\beta^3-9\beta=a^3+\frac{27}{a^3}$$

由于 $\beta^3-9\beta=12$,因此 $a^3+\frac{27}{a^3}=12$,于是

$$a^6-12a^3+27=0 \Rightarrow (a^3-3)(a^3-9)=0$$

若 $a^3=3$,则 $\beta=\sqrt[3]{3}+\sqrt[3]{9}$;若 $a^3=9$,则 $\beta=\sqrt[3]{9}+\sqrt[3]{3}$. 因此

$$\alpha=1+\beta=1+\sqrt[3]{3}+\sqrt[3]{9}$$

□

测试题 C

1. 设整数 a,b,c 满足 $7a-9,7b-9,7c-9$ 的算术平均值为 2 014. 证明:a,b,c 的平均值为完全平方数.

证明 因为

$$\frac{(7a-9)+(7b-9)+(7c-9)}{3}=2\ 014$$

所以

$$\frac{7(a+b+c)}{3}=2\ 023 \Rightarrow \frac{a+b+c}{3}=289=17^2$$

□

2. 求所有的素数 p,使得 p^6+6p-4 也是素数.

解 显然 p 应该是奇数. 若 $p>3$,则 $p^6 \equiv 1 \pmod 3$,得到

$$p^6+6p-4 \equiv 0 \pmod 3$$

于是 $p^6+6p-4>3$ 并且是 3 的倍数,不会是素数. 若 $p=3$,则 $p^6+6p-4=743$ 是素数,因此 $p=3$. □

3. 有多少三位数包含至少一个奇数数码?

解 由于一共有 900 个三位数,其中有 $4\times5\times5=100$ 个三位数只含偶数数码,因此有 $900-100=800$ 个三位数至少包含一个奇数数码. □

4. 求所有的负整数 a,使得方程 $x^2+ax+2\ 014=0$ 有两个整数根.

解法一 这个方程有两个整数根,当且仅当其判别式为完全平方数. 于是 $a^2-4\times 2\ 014=n^2, n\in\mathbb{N}$. 因式分解得到

$$(a-n)(a+n)=4\times2\ 014=2^3\times19\times53$$

注意到 $a-n\leqslant a+n$,并且二者奇偶性相同. 由于 $a<0$,因此,$a-n<0, a+n<0$,可能的情况为

$$\begin{cases}a-n=-4\ 028\\a+n=-2\end{cases},\quad\begin{cases}a-n=-2\ 014\\a+n=-4\end{cases}$$
$$\begin{cases}a-n=-212\\a+n=-38\end{cases},\quad\begin{cases}a-n=-106\\a+n=-76\end{cases}$$

分别求解这些方程组,得到 $a\in\{-2\ 015,-1\ 009,-125,-91\}$. □

解法二 设 r, s 为方程的两个整数根. 由于 $a<0$, 因此有 $r+s=-a>0$, $rs=2\ 014$. 于是有 $r>0$,并且 $s>0$. 不妨设 $r\leqslant s$,则 $r^2\leqslant 2\ 014$,即 $r\leqslant 44$. 于是 $r\in\{1,2,19,38\}$,因此 $a=-r-\frac{2\ 014}{r}\in\{-2\ 015,-1\ 009,-125,-91\}$. 容易验证这是题目的所有解. □

5. 求最大的素数 p 和 $q, p>q$,使得 p^3 和 q^3 都能整除 $30!+\frac{29!}{28}$.

解 注意到

$$30!+\frac{29!}{28}=29!\left(30+\frac{1}{28}\right)=29!\times\frac{29^2}{28}=27!\times29^3$$

显然 p 的最大值为 29. 进一步, $\nu_{11}(27!\times29^3)=2$, $\nu_7(27!\times29^3)=3$, 因此 $q=7$. □

6. 求小于 100 的正整数 n 的个数,其满足 $(n+1)^2$ 整除 $(2n+1)!$.

解 显然有 $n>1$. 注意到 $\binom{2n+1}{n+1}$ 为整数,因此 $n!(n+1)! \mid (2n+1)!$. 若 $n+1$ 是合数,记 $n+1=ab$,其中 $1<a\leqslant b<n+1$,则 $a\mid n!, b\mid n!$. 于是 $n+1=ab$ 能整除 $(n!)^2$,进而 $(n+1)^2$ 整除 $n!(n+1)!$,满足题目要求. 若 $n+1=p$ 为素数,则 $(n+1)^2=p^2$,并且有

$$\nu_p\left[(2n+1)!\right]=\left\lfloor\frac{2p-1}{p}\right\rfloor=1$$

因此 $(n+1)^2 \nmid (2n+1)!$.

综上所述,n 满足题目条件,当且仅当 $n+1\in\{2,3,\cdots,100\}$ 为合数. 共有 $99-\pi(100)=74$ 个. □

7. 求所有的整数 n,使得 $n-2\ 014$ 和 $n+2\ 014$ 都是三角形数.

解 设 $n-2\ 014=\frac{k(k+1)}{2}, n+2\ 014=\frac{m(m+1)}{2}$,其中 $k,m\in\mathbb{N}$,则有

$$\frac{m(m+1)}{2}-\frac{k(k+1)}{2}=4\ 028 \Rightarrow m(m+1)-k(k+1)=8\ 056$$

因式分解得出

$$(m-k)(m+k+1)=8\ 056=2^3\times 19\times 53$$

注意到 $m-k$ 和 $m+k+1$ 是 8 056 的正因子,奇偶性不同,并且 $m-k<m+k+1$. 因此可能的情况有

$$\begin{cases}m-k=1\\ m+k+1=8\ 056\end{cases},\quad \begin{cases}m-k=8\\ m+k+1=1\ 007\end{cases}$$
$$\begin{cases}m-k=19\\ m+k+1=424\end{cases},\quad \begin{cases}m-k=53\\ m+k+1=152\end{cases}$$

求解这些方程组,分别得到

$$(k,m)\in\{(4\ 027,4\ 028),(499,507),(202,221),(49,102)\}$$

然后得到

$$n\in\{3\ 239,22\ 517,126\ 764,8\ 112\ 392\}$$

□

8. 设实数 a,b,c 满足 $a^2+b^2+c^2=1$. 求 $(a+b)c$ 的最大值.

解 我们有

$$\begin{aligned} 2 &= 2a^2+2b^2+2c^2 \\ &= (2a^2+c^2)+(2b^2+c^2) \\ &\geqslant 2\sqrt{2}ac+2\sqrt{2}bc \end{aligned}$$

因此

$$ac+bc \leqslant \frac{1}{\sqrt{2}}$$

等号成立,当且仅当 $2a^2=2b^2=c^2$,即

$$(a,b,c)=\pm\left(\frac{1}{2},\frac{1}{2},\frac{\sqrt{2}}{2}\right)$$

□

9. 求有序正整数对 (m,n) 的个数,其满足 $mn=2\ 010\ 020\ 020\ 010\ 002$(不可使用计算器).

解 满足题目条件的有序正整数对的个数等于 2 010 020 020 010 002 的因子个数. 注意到

$$2\ 010\ 020\ 020\ 010\ 002 \equiv 002-010+020-020+010-2=0 \pmod{1\ 001}$$

而 $1\ 001=7\times 11\times 13$,因此

$$2\ 010\ 020\ 020\ 010\ 002=7\times 11\times 13\times 2\ 008\ 012\ 008\ 002$$

又因为 $2\ 008\ 012\ 008\ 002=2\times 1\ 004\ 006\ 004\ 001$,并且

$$1\ 004\ 006\ 004\ 001=10^{12}+4\times 10^9+6\times 10^6+4\times 10^3+1=(10^3+1)^4=7^4\times 11^4\times 13^4$$

所以

$$2\ 010\ 020\ 020\ 010\ 002=2\times 7^5\times 11^5\times 13^5$$

其因子数为 $2\times 6\times 6\times 6=432$. 因此,满足题目条件的正整数对有 432 个. □

10. 已知

$$\frac{1}{\sin 9^\circ}-\frac{1}{\cos 9^\circ}=a\sqrt{b+\sqrt{b}}$$

其中 a 和 b 为正整数,b 不被素数的平方整除. 求 a,b.

解 注意到

$$
\begin{aligned}
\frac{1}{\sin 9^\circ}-\frac{1}{\cos 9^\circ} &= \frac{\cos 9^\circ-\sin 9^\circ}{\sin 9^\circ\cos 9^\circ}\\
&= \frac{\sqrt{2}\cos(45^\circ+9^\circ)}{\frac{1}{2}\sin 18^\circ}\\
&= \frac{2\sqrt{2}\cos 54^\circ}{\sin 18^\circ}\\
&= \frac{2\sqrt{2}\sin 36^\circ}{\sin 18^\circ}\\
&= 4\sqrt{2}\cos 18^\circ
\end{aligned}
$$

现在考虑方程

$$\frac{z^{10}+1}{z^2+1}=0$$

显然，$z=\cos 18^\circ+\sin 18^\circ \mathrm{i}$ 为方程的根. 将方程改写成

$$z^8-z^6+z^4-z^2+1=0$$

我们发现

$$z^4+\frac{1}{z^4}-\left(z^2+\frac{1}{z^2}\right)=-1$$

记 $y=z^2+\frac{1}{z^2}$，将其两边平方得到

$$y^2-2=z^4+\frac{1}{z^4}$$

因此

$$y^2-2-y=-1 \Rightarrow y^2-y-1=0 \Rightarrow y=\frac{1\pm\sqrt{5}}{2}$$

由于 $y=z^2+\frac{1}{z^2}=2\cos 36^\circ>0$，因此 $2\cos 36^\circ=\frac{1+\sqrt{5}}{2}$，利用倍角公式得到

$$2(2\cos^2 18^\circ-1)=\frac{1+\sqrt{5}}{2} \Rightarrow 2\cos 18^\circ=\sqrt{\frac{5+\sqrt{5}}{2}}$$

因此

$$4\sqrt{2}\cos 18^\circ=4\sqrt{2}\times\frac{1}{2}\sqrt{\frac{5+\sqrt{5}}{2}}=2\sqrt{5+\sqrt{5}}$$

于是得到 $a=2, b=5$. □

第3部分

术 语 表

角平分线定理 给定 $\triangle ABC$,$\angle A$ 的平分线与边 BC 相交于点 D,则线段 BD 与 DC 的长度比等于 AB 与 AC 的长度比,即

$$\frac{BD}{DC}=\frac{AB}{AC}$$

反之,若线段 BC 上的点 D 将 BC 分成的比例与 AB 和 AC 的比例相同,则 AD 是 $\angle A$ 的平分线.

贝特朗假设* 设 $n>1$ 是一个整数,则存在素数 p 满足

$$n<p<2n$$

裴蜀定理 设整数 a,b 不全为零,则存在整数 x,y,使得

$$ax+by=\gcd(a,b)$$

进一步,$\gcd(a,b)$ 是满足如上条件的最小的正整数.

二项分布 如果已知某个事件在一次试验中发生的概率为 p, 那么二项分布计算了在独立的 n 次同样的试验中,事件发生 k 次的概率,为

$$P_n(k)=\binom{n}{k}p^k(1-p)^{n-k}$$

例如,投掷一个标准的骰子 6 次,得到 3 次 2 的概率为

$$P_6(3)=\binom{6}{3}\left(\frac{1}{6}\right)^3\left(1-\frac{1}{6}\right)^3\approx 0.053=5.3\%$$

二项式定理 二项式定理给出了二项式的 n 次方展开的表达式. 设 $n\in\mathbb{N}$,则有

$$(a+b)^n=\binom{n}{0}a^n+\binom{n}{1}a^{n-1}b+\cdots+\binom{n}{n-1}ab^{n-1}+\binom{n}{n}b^n$$

还可以写成

$$(a+b)^n=\sum_{k=0}^{n}\binom{n}{k}a^{n-k}b^k$$

其中 $\binom{n}{0},\binom{n}{1},\cdots,\binom{n}{n}$ 称为二项式系数或者组合数,其表达式为

$$\binom{n}{k}=\frac{n!}{k!(n-k)!}=\frac{n\cdot(n-1)\cdot(n-2)\cdot\cdots\cdot(n-k+1)}{1\times 2\times 3\times\cdots\times k}$$

*虽然被叫成“假设”,但是这是一个已经被证明的定理.

其中 $j! = 1 \times 2 \times \cdots \times (j-1) \times j$ 为前 j 个正整数的乘积,称为自然数 j 的阶乘. 根据定义,$0! = 1$.

要计算组合数,我们可以用帕斯卡恒等式

$$\binom{n}{k} = \binom{n-1}{k-1} + \binom{n-1}{k}, 1 \leqslant k \leqslant n$$

我们还可以由此得到杨辉三角形(英文为 Pascal's Triangle)

$$\begin{array}{ccccccccccc}
 & & & & & \binom{0}{0} & & & & & \\
 & & & & \binom{1}{0} & & \binom{1}{1} & & & & \\
 & & & \binom{2}{0} & & \binom{2}{1} & & \binom{2}{2} & & & \\
 & & \binom{3}{0} & & \binom{3}{1} & & \binom{3}{2} & & \binom{3}{3} & & \\
 & \binom{4}{0} & & \binom{4}{1} & & \binom{4}{2} & & \binom{4}{3} & & \binom{4}{4} & \\
\binom{5}{0} & & \binom{5}{1} & & \binom{5}{2} & & \binom{5}{3} & & \binom{5}{4} & & \binom{5}{5} \\
\cdots & & \cdots & & \cdots & & \cdots & & \cdots & & \cdots
\end{array}$$

将数值代入,杨辉三角形看起来是

$$\begin{array}{ccccccccccc}
 & & & & & 1 & & & & & \\
 & & & & 1 & & 1 & & & & \\
 & & & 1 & & 2 & & 1 & & & \\
 & & 1 & & 3 & & 3 & & 1 & & \\
 & 1 & & 4 & & 6 & & 4 & & 1 & \\
1 & & 5 & & 10 & & 10 & & 5 & & 1 \\
\cdots & & \cdots & & \cdots & & \cdots & & \cdots & & \cdots
\end{array}$$

婆罗摩笈多公式 设 a, b, c, d 是圆内接四边形的边长,且

$$s = \frac{a+b+c+d}{2}$$

为半周长,则四边形的面积为

$$K = \sqrt{(s-a)(s-b)(s-c)(s-d)}$$

柯西–施瓦茨不等式 设 $x_1, x_2, \cdots, x_n, y_1, y_2, \cdots, y_n$ 为实数,则有

$$\left(\sum_{k=1}^{n} x_k y_k\right)^2 \leqslant \left(\sum_{k=1}^{n} x_k^2\right)\left(\sum_{k=1}^{n} y_k^2\right)$$

其中等号成立,当且仅当

$$(x_1, x_2, \cdots, x_n) = t(y_1, y_2, \cdots, y_n)$$

对某个实数 t 成立.

三角形的重心 三角形的重心为三条中线的交点. 重心将每条中线分成长度比为 1:2 的两部分,到顶点的距离是到对边中点的距离的两倍. 重心还是到顶点的距离的平方和最小的点.

塞瓦定理 给定 $\triangle ABC$,假设直线 AO, BO, CO 为从顶点到一个一般的点 O(不在三角形的三边上)的直线,分别与对边交于点 D, E, F,则有

$$\frac{AF}{FB} \cdot \frac{BD}{DC} \cdot \frac{CE}{EA} = 1$$

还有角元塞瓦定理,叙述如下:

设 AD, BE, CF 为 $\triangle ABC$ 的三条塞瓦线,则 AD, BE, CF 交于一点,当且仅当

$$\frac{\sin \angle ABE}{\sin \angle DAB} \cdot \frac{\sin \angle BCF}{\sin \angle EBC} \cdot \frac{\sin \angle CAD}{\sin \angle FCA} = 1$$

中国剩余定理 设 $n_1, n_2, \cdots, n_r$ 为两两互素的大于 1 的整数,$a_1, a_2, \cdots, a_r$ 为任意整数,则同余方程组

$$\begin{aligned} x &\equiv a_1 \pmod{n_1} \\ x &\equiv a_2 \pmod{n_2} \\ &\vdots \\ x &\equiv a_r \pmod{n_r} \end{aligned}$$

模 $n_1 n_2 \cdots n_r$ 有唯一解.

三角形的外心 三角形的外心 O 为三角形的外接圆的圆心. 它是三角形三边的垂直平分线的交点. 若 K 是三角形的面积,a, b, c 分别为三边的长度,则有

$$K = \frac{abc}{4R}$$

其中 R 是外接圆的半径(也称为外径). 我们还有

$$rR = \frac{abc}{4s}$$

其中 r 是三角形的内接圆的半径(也称为内径),s 是三角形的半周长.

组合 给定 n 个不同的对象，则一个 $k(0 \leqslant k \leqslant n)$ 组合是从这 n 个对象中选出的 k 个对象，不考虑顺序. n 个对象选 k 个的组合的个数为组合数（二项式系数）$\binom{n}{k}$.

复数 设 $a, b \in \mathbb{R}$，复数是形式为 $a+\mathrm{i}b$ 的数，其中 $\mathrm{i}^2=-1$. 我们常用 z 来代表一个复数，即

$$z=a+\mathrm{i}b$$

若 $a=0$，则称 $z=\mathrm{i}b$ 为纯虚数.

记所有复数的集合为 $\mathbb{C}$，即

$$\mathbb{C}=\{a+\mathrm{i}b \mid a, b \in \mathbb{R}, \mathrm{i}^2=-1\}$$

设 $z=a+\mathrm{i}b, w=c+\mathrm{i}d$ 是两个复数，则和 $z+w$ 的定义为

$$z+w=(a+\mathrm{i}b)+(c+\mathrm{i}d)=(a+c)+\mathrm{i}(b+d)$$

将 w 换成 $-w$，我们得到两个复数的差

$$z-w=(a+\mathrm{i}b)-(c+\mathrm{i}d)=(a-c)+\mathrm{i}(b-d)$$

乘积 $z \cdot w$ 是利用分配律和关系式 $\mathrm{i}^2=-1$ 定义的

$$z \cdot w=(a+\mathrm{i}b)(c+\mathrm{i}d)=ac+\mathrm{i}ad+\mathrm{i}bc+\mathrm{i}^2bd=(ac-bd)+\mathrm{i}(ad+bc).$$

现在，设 $z=a+\mathrm{i}b \neq 0$ 是一个复数，则

$$\frac{1}{z}=\frac{1}{a+\mathrm{i}b}=\frac{1}{a+\mathrm{i}b} \cdot \frac{a-\mathrm{i}b}{a-\mathrm{i}b}=\frac{a}{a^2+b^2}-\mathrm{i}\frac{b}{a^2+b^2}$$

称为 z 的乘法的逆. 于是可以定义两个复数 $z=a+\mathrm{i}b, w=c+\mathrm{i}d(w \neq 0)$ 的商为

$$\frac{z}{w}=z \cdot \frac{1}{w}=(a+\mathrm{i}b)\left(\frac{c}{c^2+d^2}-\mathrm{i}\frac{d}{c^2+d^2}\right)=\frac{ac+bd}{c^2+d^2}+\mathrm{i}\frac{bc-ad}{c^2+d^2}$$

模 n 同余 设 a, b 为整数，n 为正整数. 整数集合 $\mathbb{Z}$ 上的同余关系“$\equiv$”是一个等价关系. 若 $a-b$ 是 n 的倍数，则称 a 和 b 模 n 同余，记为 $a \equiv b \pmod{n}$. 若 $a-b$ 不是 n 的倍数，则称 a 和 b 模 n 不同余，记为 $a \not\equiv b \pmod{n}$.

若 a 除以 b 的余数为 r，则 a 模 b 同余于 r. a 和 b 模 n 同余等价于 a 和 b 除以 n 有相同的余数. 例如 $-8 \equiv -1 \equiv 6 \equiv 13 \pmod{7}$.

由 $n \mid (a-b)$ 可以得出：存在 $k \in \mathbb{Z}$，使得 $nk=a-b$，因此 $a \equiv b \pmod{n}$，当且仅当存在整数 k，使得 $a=b+nk$.

我们有下面的性质.

设 a, b, c, d, n 为整数，k 为正整数，则有：

(i) $a \equiv a \pmod{n}$（自反性）.

(ii) 若 $a \equiv b \pmod{n}$，则 $b \equiv a \pmod{n}$（对称性）.

(iii) 若 $a \equiv b \pmod{n}$，$b \equiv c \pmod{n}$，则 $a \equiv c \pmod{n}$（传递性）.

(iv) 若 $a \equiv b \pmod{n}$，$c \equiv d \pmod{n}$，则 $a + c \equiv (b + d) \pmod{n}$，$a - c \equiv (b - d) \pmod{n}$.

(v) 若 $a \equiv b \pmod{n}$，$c \equiv d \pmod{n}$，则 $ac \equiv bd \pmod{n}$.

(vi) 若 $a_i \equiv b_i \pmod{n}$，$i = 1, \cdots, k$，则 $a_1 + \cdots + a_k \equiv (b_1 + \cdots + b_k) \pmod{n}$，$a_1 \cdots a_k \equiv b_1 \cdots b_k \pmod{n}$. 特别地，若 $a \equiv b \pmod{n}$，则对任意正整数 k，有 $a^k \equiv b^k \pmod{n}$.

(vii) $a \equiv b \pmod{m_i}$，$i = 1, \cdots, k$，当且仅当

$$a \equiv b \pmod{\operatorname{lcm}(m_1, \cdots, m_k)}$$

特别地，若 $m_1, \cdots, m_k$ 两两互素，则 $a \equiv b \pmod{m_i}$，$i = 1, \cdots, k$，当且仅当 $a \equiv b \pmod{m_1 \cdots m_k}$.

(viii) 若 $a \equiv b \pmod{n}$，f 是整系数多项式，则 $f(a) \equiv f(b) \pmod{n}$.

(ix) 若 n 是素数，则消去律成立

$$ab \equiv 0 \pmod{n} \Leftrightarrow a \equiv 0 \pmod{n} \text{ 或者 } b \equiv 0 \pmod{n}$$

若 n 是合数，则这个命题不成立.

完全立方数模 7 或 9　当求解包含完全立方数的数论问题时，常常会用到模 7 或模 9. 实际上，若 n 是整数，则可以记 $n = 7q_1 + r_1$，其中 q_1 是整数，$r_1 \in \{0, 1, \cdots, 6\}$，还可以记 $n = 9q_2 + r_2$，其中 q_2 是整数，$r_2 \in \{0, 1, \cdots, 8\}$. 于是计算可得

$$n^3 = (7q_1 + r_1)^3 \equiv r_1^3 \equiv 0, 1, 6 \pmod{7}$$

以及

$$n^3 = (9q_2 + r_2)^3 \equiv r_2^3 \equiv 0, 1, 8 \pmod{9}$$

十进制数的特殊整除性质　设 n 是整数，则有：

(i) n 被 2 整除，当且仅当它的最后一个数码为偶数.

(ii) n 被 3 整除，当且仅当它的数码和为 3 的倍数.

(iii) n 被 4 整除，当且仅当由它的最后两个数码组成的数为 4 的倍数.

(iv) n 被 5 整除，当且仅当它的最后一个数码为 0 或 5.

(v) n 被 6 整除,当且仅当它能同时被 2 和 3 整除(用上面的方法判定).

(vi) n 被 8 整除,当且仅当由它的最后三个数码组成的数为 8 的倍数.

(vii) n 被 9 整除,当且仅当它的数码和为 9 的倍数.

(viii) n 被 10 整除,当且仅当它的最后一个数码为 0.

(ix) n 被 11 整除,当且仅当它的数码的交替代数和为 11 的倍数.

(x) n 被 7,11 或者 13 整除,当且仅当:将 n 的数码三个一组分开,形成的数的交替代数和分别为 7,11 或者 13 的倍数.(例如:198 016 三个一组分开的交替代数和为 $016-198=-182$ 是 7 的倍数,因此 198 016 为 7 的倍数.)

带余除法 任给两个整数 $a,b(b\neq 0)$,则存在唯一的整数 q 和 r,使得

$$a=qb+r,\ 0\leqslant r<|b|$$

我们称 q 为商,r 为余数.

欧几里得引理 设 c 是正整数,满足 $c\mid ab$,$\gcd(a,c)=1$,则 $c\mid b$. 特别地,若 p 是素数,a,b 是整数,$p\mid ab$,则有 $p\mid a$ 或者 $p\mid b$.

欧拉公式 在任意凸多面体中,设 F 为面的个数,E 为棱的个数,V 为顶点的个数,则有

$$F-E+V=2$$

欧拉定理 设 a 和 n 是互素的正整数,则有

$$a^{\varphi(n)}\equiv 1\pmod n$$

注意,费马小定理为欧拉定理的特例.

欧拉函数 记欧拉函数为 φ,它计算了在不超过 n 的正整数中,和 n 互素的数的个数

$$\varphi(n)=\left|\{k|1\leqslant k\leqslant n,\gcd(n,k)=1\}\right|$$

费马小定理 设 a 是整数,p 是素数,a 不是 p 的倍数,则

$$a^{p-1}\equiv 1\pmod p$$

海伦公式 设 a,b,c 分别为一个三角形三边的长度,且

$$s=\frac{a+b+c}{2}$$

是三角形的半周长,则三角形的面积为

$$K=\sqrt{s(s-a)(s-b)(s-c)}$$

位似 平面上以 O 为中心,k 为比例的位似是平面上的一个变换,保持 O 不动,该变换将点 P 变到 OP 上的点 P',满足

$$OP'=k\cdot OP$$

记 $d(A,B)$ 为两个点 A 和 B 之间的距离,则有 $d(P',Q')=k\cdot d(P,Q)$,其中 P' 和 Q' 分别为 P 和 Q 在位似下的象. 所以位似保持了图形的形状,但是将距离变化到了 k 倍,面积变化到 k^2 倍.

注意到,若 $k>0$,则 P 和 P' 在直线 OP 上的点 O 的同侧;若 $k<0$,则 P 和 P' 在点 O 的异侧.

三角形的内心 三角形的内心 I 为三角形的内切圆的圆心,它是三个内角平分线的交点. 三角形的面积可以表示为 $K=rs$,其中 r 是内切圆半径(可以称为内径),s 是三角形的半周长.

整数部分和小数部分 设 x 是任意实数,则不超过 x 的最大整数记为 $\lfloor x\rfloor$,称为 x 的整数部分. $x-\lfloor x\rfloor$ 记为 $\{x\}$,称为 x 的小数部分. 设 x,y 是实数,则有下列性质成立:

(i) $0\leqslant\{x\}<1$,并且 $\{x\}=0$ 当且仅当 x 是整数.

(ii) $x-1<\lfloor x\rfloor\leqslant x<\lfloor x\rfloor+1$,并且 $\lfloor x\rfloor=x$ 当且仅当 x 是整数.

(iii) 对任意的 $k\in\mathbb{Z}$,$k\leqslant x$ 当且仅当 $k\leqslant\lfloor x\rfloor$,而 $x<k$ 当且仅当 $\lfloor x\rfloor<k$.

(iv) 若 $x\leqslant y$,则 $\lfloor x\rfloor\leqslant\lfloor y\rfloor$;若 $\lfloor x\rfloor<\lfloor y\rfloor$,则 $x<y$.

(v) 若 $\lfloor x\rfloor=\lfloor y\rfloor$,则 $|x-y|<1$,而 $\{x\}=\{y\}$ 当且仅当 $x-y\in\mathbb{Z}$.

(vi) 对任意的 $n\in\mathbb{Z}$,有 $\lfloor x+n\rfloor=\lfloor x\rfloor+n$ 以及 $\{x+n\}=\{x\}$.

(vii) $\lfloor -x\rfloor=\begin{cases}-\lfloor x\rfloor-1, & 若\ x\notin\mathbb{Z}\\ -\lfloor x\rfloor, & 若\ x\in\mathbb{Z}\end{cases}$.

(viii) $\lfloor x\rfloor+\lfloor y\rfloor\leqslant\lfloor x+y\rfloor$. 一般地,若 $x_1,x_2,\cdots,x_n\in\mathbb{R}$,则有

$$\lfloor x_1\rfloor+\lfloor x_2\rfloor+\cdots+\lfloor x_n\rfloor\leqslant\lfloor x_1+x_2+\cdots+x_n\rfloor$$

(ix) 若 $x,y\geqslant 0$,则有 $\lfloor x\rfloor\cdot\lfloor y\rfloor\leqslant\lfloor xy\rfloor$;若 $x_1,x_2,\cdots,x_n\geqslant 0$,则有

$$\lfloor x_1\rfloor\cdot\lfloor x_2\rfloor\cdot\cdots\cdot\lfloor x_n\rfloor\leqslant\lfloor x_1x_2\cdots x_n\rfloor$$

(x) $\left\lfloor\frac{x}{n}\right\rfloor=\left\lfloor\frac{\lfloor x\rfloor}{n}\right\rfloor$ 对 $n\in\mathbb{N}$ 成立.

余弦定理 在 $\triangle ABC$ 中,有

$$a^2=b^2+c^2-2bc\cos A$$

$$b^2=c^2+a^2-2ca\cos B$$

$$c^2=a^2+b^2-2ab\cos C$$

正弦定理 设 $\triangle ABC$ 的外径为 R,则有

$$\frac{a}{\sin A}=\frac{b}{\sin B}=\frac{c}{\sin C}=2R$$

均值不等式 设 $x_1,x_2,\cdots,x_n$ 为 n 个非负实数. 定义

$$\begin{aligned} HM &= \frac{n}{\frac{1}{x_1}+\frac{1}{x_2}+\cdots+\frac{1}{x_n}} \\ GM &= \sqrt[n]{x_1x_2\cdots x_n} \\ AM &= \frac{x_1+x_2+\cdots+x_n}{n} \\ QM &= \sqrt{\frac{x_1^2+x_2^2+\cdots+x_n^2}{n}} \end{aligned}$$

分别称为 $x_1,x_2,\cdots,x_n$ 的调和平均值、几何平均值、算术平均值、平方平均值,并且有下面的不等式成立

$$\min\{x_1,x_2,\cdots,x_n\}\leqslant HM\leqslant GM\leqslant AM\leqslant QM\leqslant\max\{x_1,x_2,\cdots,x_n\}.$$

进一步,等号成立,当且仅当 $x_1=x_2=\cdots=x_n$.

梅涅劳斯定理 设在 $\triangle ABC$ 中,D,E,F 分别在直线 BC,CA,AB 上,则 D,E,F 共线,当且仅当

$$\frac{AF}{FB}\cdot\frac{BD}{DC}\cdot\frac{CE}{EA}=1$$

密克点 设在 $\triangle ABC$ 中，点 A', B', C' 分别是边 BC, AC, AB 或其延长线上的点. 分别画出 $\triangle AB'C'$, $\triangle A'BC'$, $\triangle A'B'C$ 的外接圆，则三个圆有唯一的公共点 M，称为密克点. 进一步，三个角 $\angle MA'B$, $\angle MB'C$, $\angle MC'A$ 都相同，三个补角 $\angle MA'C$, $\angle MB'A$, $\angle MC'B$ 也都相同.

尼文定理 使得 $\theta \in [0, 90]$ 和 $\sin\theta^\circ$ 均为有理数的角度只能是 $\sin 0^\circ = 0$, $\sin 30^\circ = \frac{1}{2}$，或者 $\sin 90^\circ = 1$.

进位制 设 n 是自然数，$b > 1$ 是整数，则 n 的 b 进制表示为

$$n = a_k b^k + \cdots + a_1 b^1 + a_0 b^0,\ 0 \leqslant a_j \leqslant b-1,\ a_k \neq 0,\ b^k \leqslant n < b^{k+1}$$

我们记作 $n = (\overline{a_k a_{k-1} \cdots a_1 a_0})_b$.

若 $b = 10$，则得到 n 的十进制表示为

$$n = a_k \cdot 10^k + a_{k-1} \cdot 10^{k-1} + a_{k-2} \cdot 10^{k-2} + \cdots + a_1 \cdot 10^1 + a_0 \cdot 10^0$$

其中 $1 \leqslant a_k \leqslant 9$, $0 \leqslant a_j \leqslant 9$, $0 \leqslant j < k$. 我们可以将其记为

$$n = \overline{a_k a_{k-1} \cdots a_1 a_0}$$

例如

$$12\ 345 = 1 \times 10^4 + 2 \times 10^3 + 3 \times 10^2 + 4 \times 10^1 + 5 \times 10^0$$

***p* 进赋值** 设 p 是素数，n 是整数. 定义 n 的 p 进赋值为最大的非负整数 k，使得 $p^k \mid n$，记为 $k = \nu_p(n)$. 也就是说，$\nu_p(n)$ 为 n 的素因子展开式中 p 的指数.

有关 p 进赋值的一个有用公式是勒让德公式. 若 p 是素数，n 是正整数，则有

$$\nu_p(n!) = \sum_{k=1}^{\infty} \left\lfloor \frac{n}{p^k} \right\rfloor$$

抽屉原则 设 n 是正整数. 若 $n+1$ 只鸽子飞入 n 个鸽笼，则至少有一个鸽笼中有至少两只鸽子.

一般的情形为：设 m, n 为正整数，$m \geqslant n$. 若 $m+1$ 只鸽子飞入 n 个鸽笼，则至少有一个鸽笼中包含至少 $\left\lfloor \frac{m}{n} \right\rfloor + 1$ 只鸽子.

圆外切四边形 若四边形 $ABCD$ 有内切圆，则对边长度的和相同，均为四边形的半周长，即

$$a + c = b + d = s$$

容斥原理 设 $A_1, A_2, \cdots, A_n$ 为 n 个有限集,则

$$\left|\bigcup_{i=1}^{n} A_i\right| = \sum_{i=1}^{n} |A_i| - \sum_{1\leqslant i_1<i_2\leqslant n} |A_{i_1} \cap A_{i_2}| + \cdots + (-1)^{n-1}|A_1 \cap A_2 \cap \cdots \cap A_n|.$$

若 $n=2$,则得到熟知的等式

$$|A \cup B| = |A| + |B| - |A \cap B|$$

若 $n=3$,则有

$$|A \cup B \cup C| = |A| + |B| + |C| - |A \cap B| - |B \cap C| - |C \cap A| + |A \cap B \cap C|$$

托勒密定理 设 $ABCD$ 为四边形,则对角线长度的乘积小于或等于对边长度的乘积的和,即

$$AC \cdot BD \leqslant AB \cdot CD + AD \cdot BC$$

等号成立,当且仅当 $ABCD$ 内接于圆,即

$$AC \cdot BD = AB \cdot CD + AD \cdot BC$$

斯图尔特定理 设在 $\triangle ABC$ 中,点 P 在边 AB 上,$AP=v, PB=u, CP=w$,则

$$b^2u + a^2v = c(w^2 + uv)$$

泰勒斯定理 两条直线 a, b 分别横截三条平行线 ℓ_1, ℓ_2, ℓ_3 于点 A_1, A_2, A_3 和 B_1, B_2, B_3,得到线段 A_1A_2, A_2A_3, B_1B_2 和 B_2B_3,则有

$$\frac{A_1A_2}{B_1B_2} = \frac{A_2A_3}{B_2B_3}$$

权方和不等式 对正实数 $x_1, x_2, \cdots, x_n, y_1, y_2, \cdots, y_n$,由柯西–施瓦茨不等式可以得到权方和不等式

$$\sum_{k=1}^{n} \frac{x_k^2}{y_k} \geqslant \frac{\left(\sum\limits_{k=1}^{n} x_k\right)^2}{\sum\limits_{k=1}^{n} y_k}$$

三角不等式 三角形的每条边的长度都小于另外两条边的长度之和，大于另外两条边的长度之差. 三个正数可以成为三角形的三边的长度，当且仅当其中每一个数都小于另外两个数之和. 若 x,y 为实数，则有

$$\big||x|-|y|\big| \leqslant |x+y| \leqslant |x|+|y|$$

一般地，若 $x_1,x_2,\cdots,x_n$ 为实数，则有

$$|x_1+x_2+\cdots+x_n| \leqslant |x_1|+|x_2|+\cdots+|x_n|$$

三角恒等式 有如下的恒等式

$$\sin(\alpha\pm\beta)=\sin\alpha\cos\beta\pm\cos\alpha\sin\beta$$
$$\cos(\alpha\pm\beta)=\cos\alpha\cos\beta\mp\sin\alpha\sin\beta$$
$$\tan(\alpha\pm\beta)=\frac{\tan\alpha\pm\tan\beta}{1\mp\tan\alpha\tan\beta}$$
$$\sin 2\theta=2\sin\theta\cos\theta$$
$$\cos 2\theta=\cos^2\theta-\sin^2\theta=1-2\sin^2\theta=2\cos^2\theta-1$$
$$\tan 2\theta=\frac{2\tan\theta}{1-\tan^2\theta}$$
$$\sin^2\frac{\theta}{2}=\frac{1-\cos\theta}{2}$$
$$\cos^2\frac{\theta}{2}=\frac{1+\cos\theta}{2}$$
$$\tan^2\frac{\theta}{2}=\frac{1-\cos\theta}{1+\cos\theta}$$

其中我们假设角度 α,β,θ 为实数，满足相应的正切函数有定义.

进一步，若 $t=\tan\frac{\theta}{2}$，其中 $\theta\neq\frac{\pi}{2}+k\pi(k\in\mathbb{Z})$，则有

$$\sin\theta=\frac{2t}{1+t^2}$$
$$\cos\theta=\frac{1-t^2}{1+t^2}$$
$$\tan\theta=\frac{2t}{1-t^2}$$

韦达定理 设 $p(x)=\sum\limits_{i=0}^{n}a_ix^i$ 是 n 次复系数多项式，$\alpha_1,\alpha_2,\cdots,\alpha_n$ 为它的根，重数计算在内，则有

$$\sum_{1\leqslant j_1<j_2<\cdots<j_k\leqslant n}\alpha_{j_1}\alpha_{j_2}\cdots\alpha_{j_k}=(-1)^k\frac{a_{n-k}}{a_n},\ 1\leqslant k\leqslant n.$$

例如：若 $n=2$，则 $p(x)=ax^2+bx+c$，其中 $a,b,c\in\mathbb{C}$，$a\neq 0$．若 $\alpha_1,\alpha_2\in\mathbb{C}$ 是 $p(x)$ 的根，则有

$$ax^2+bx+c=a(x-\alpha_1)(x-\alpha_2)=a[x^2-(\alpha_1+\alpha_2)x+\alpha_1\alpha_2]$$

比较系数，得到熟知的公式

$$\begin{cases}\alpha_1+\alpha_2=-\dfrac{b}{a}\\ \alpha_1\alpha_2=\dfrac{c}{a}\end{cases}$$

若 $n=3$，则 $p(x)=ax^3+bx^2+cx+d$，其中 $a,b,c,d\in\mathbb{C}$，$a\neq 0$．设 α_1，α_2，$\alpha_3\in\mathbb{C}$ 为 $p(x)$ 的根，则有

$$\begin{aligned}&ax^3+bx^2+cx+d=a(x-\alpha_1)(x-\alpha_2)(x-\alpha_3)\\=&a[x^3-(\alpha_1+\alpha_2+\alpha_3)x^2+(\alpha_1\alpha_2+\alpha_1\alpha_3+\alpha_2\alpha_3)x-\alpha_1\alpha_2\alpha_3]\end{aligned}$$

比较系数，得到

$$\begin{cases}\alpha_1+\alpha_2+\alpha_3=-\dfrac{b}{a}\\ \alpha_1\alpha_2+\alpha_1\alpha_3+\alpha_2\alpha_3=\dfrac{c}{a}\\ \alpha_1\alpha_2\alpha_3=-\dfrac{d}{a}\end{cases}$$

刘培杰数学工作室

已出版(即将出版)图书目录——初等数学

书　名	出版时间	定　价	编号
新编中学数学解题方法全书(高中版)上卷(第2版)	2018－08	58.00	951
新编中学数学解题方法全书(高中版)中卷(第2版)	2018－08	68.00	952
新编中学数学解题方法全书(高中版)下卷(一)(第2版)	2018－08	58.00	953
新编中学数学解题方法全书(高中版)下卷(二)(第2版)	2018－08	58.00	954
新编中学数学解题方法全书(高中版)下卷(三)(第2版)	2018－08	68.00	955
新编中学数学解题方法全书(初中版)上卷	2008－01	28.00	29
新编中学数学解题方法全书(初中版)中卷	2010－07	38.00	75
新编中学数学解题方法全书(高考复习卷)	2010－01	48.00	67
新编中学数学解题方法全书(高考真题卷)	2010－01	38.00	62
新编中学数学解题方法全书(高考精华卷)	2011－03	68.00	118
新编平面解析几何解题方法全书(专题讲座卷)	2010－01	18.00	61
新编中学数学解题方法全书(自主招生卷)	2013－08	88.00	261
数学奥林匹克与数学文化(第一辑)	2006－05	48.00	4
数学奥林匹克与数学文化(第二辑)(竞赛卷)	2008－01	48.00	19
数学奥林匹克与数学文化(第二辑)(文化卷)	2008－07	58.00	36′
数学奥林匹克与数学文化(第三辑)(竞赛卷)	2010－01	48.00	59
数学奥林匹克与数学文化(第四辑)(竞赛卷)	2011－08	58.00	87
数学奥林匹克与数学文化(第五辑)	2015－06	98.00	370
世界著名平面几何经典著作钩沉——几何作图专题卷(共3卷)	2022－01	198.00	1460
世界著名平面几何经典著作钩沉——民国平面几何老课本	2011－03	38.00	113
世界著名平面几何经典著作钩沉——建国初期平面三角老课本	2015－08	38.00	507
世界著名解析几何经典著作钩沉——平面解析几何卷	2014－01	38.00	264
世界著名数论经典著作钩沉——算术卷	2012－01	28.00	125
世界著名数学经典著作钩沉——立体几何卷	2011－02	28.00	88
世界著名三角学经典著作钩沉——平面三角卷Ⅰ	2010－06	28.00	69
世界著名三角学经典著作钩沉——平面三角卷Ⅱ	2011－01	38.00	78
世界著名初等数论经典著作钩沉——理论和实用算术卷	2011－07	38.00	126
世界著名几何经典著作钩沉——解析几何卷	2022－10	68.00	1564
发展你的空间想象力(第3版)	2021－01	98.00	1464
空间想象力进阶	2019－05	68.00	1062
走向国际数学奥林匹克的平面几何试题诠释.第1卷	2019－07	88.00	1043
走向国际数学奥林匹克的平面几何试题诠释.第2卷	2019－09	78.00	1044
走向国际数学奥林匹克的平面几何试题诠释.第3卷	2019－03	78.00	1045
走向国际数学奥林匹克的平面几何试题诠释.第4卷	2019－09	98.00	1046
平面几何证明方法全书	2007－08	48.00	1
平面几何证明方法全书习题解答(第2版)	2006－12	18.00	10
平面几何天天练上卷·基础篇(直线型)	2013－01	58.00	208
平面几何天天练中卷·基础篇(涉及圆)	2013－01	28.00	234
平面几何天天练下卷·提高篇	2013－01	58.00	237
平面几何专题研究	2013－07	98.00	258
平面几何解题之道.第1卷	2022－05	38.00	1494
几何学习题集	2020－10	48.00	1217
通过解题学习代数几何	2021－04	88.00	1301
最新世界各国数学奥林匹克中的平面几何试题	2007－09	38.00	14

刘培杰数学工作室
已出版(即将出版)图书目录——初等数学

书 名	出版时间	定 价	编号
数学竞赛平面几何典型题及新颖解	2010－07	48.00	74
初等数学复习及研究(平面几何)	2008－09	68.00	38
初等数学复习及研究(立体几何)	2010－06	38.00	71
初等数学复习及研究(平面几何)习题解答	2009－01	58.00	42
几何学教程(平面几何卷)	2011－03	68.00	90
几何学教程(立体几何卷)	2011－07	68.00	130
几何变换与几何证题	2010－06	88.00	70
计算方法与几何证题	2011－06	28.00	129
立体几何技巧与方法(第2版)	2022－10	168.00	1572
几何瑰宝——平面几何500名题暨1500条定理(上、下)	2021－07	168.00	1358
三角形的解法与应用	2012－07	18.00	183
近代的三角形几何学	2012－07	48.00	184
一般折线几何学	2015－08	48.00	503
三角形的五心	2009－06	28.00	51
三角形的六心及其应用	2015－10	68.00	542
三角形趣谈	2012－08	28.00	212
解三角形	2014－01	28.00	265
三角函数	2024－10	38.00	1744
探秘三角形:一次数学旅行	2021－10	68.00	1387
三角学专门教程	2014－09	28.00	387
图天下几何新题试卷.初中(第2版)	2017－11	58.00	855
圆锥曲线习题集(上册)	2013－06	68.00	255
圆锥曲线习题集(中册)	2015－01	78.00	434
圆锥曲线习题集(下册·第1卷)	2016－10	78.00	683
圆锥曲线习题集(下册·第2卷)	2018－01	98.00	853
圆锥曲线习题集(下册·第3卷)	2019－10	128.00	1113
圆锥曲线的思想方法	2021－08	48.00	1379
圆锥曲线的八个主要问题	2021－10	48.00	1415
圆锥曲线的奥秘	2022－06	88.00	1541
论九点圆	2015－05	88.00	645
论圆的几何学	2024－06	48.00	1736
近代欧氏几何学	2012－03	48.00	162
罗巴切夫斯基几何学及几何基础概要	2012－07	28.00	188
罗巴切夫斯基几何学初步	2015－06	28.00	474
用三角、解析几何、复数、向量计算解数学竞赛几何题	2015－03	48.00	455
用解析法研究圆锥曲线的几何理论	2022－05	48.00	1495
美国中学几何教程	2015－04	88.00	458
三线坐标与三角形特征点	2015－04	98.00	460
坐标几何学基础.第1卷,笛卡儿坐标	2021－08	48.00	1398
坐标几何学基础.第2卷,三线坐标	2021－09	28.00	1399
平面解析几何方法与研究(第1卷)	2015－05	28.00	471
平面解析几何方法与研究(第2卷)	2015－06	38.00	472
平面解析几何方法与研究(第3卷)	2015－07	28.00	473
解析几何研究	2015－01	38.00	425
解析几何学教程.上	2016－01	38.00	574
解析几何学教程.下	2016－01	38.00	575
几何学基础	2016－01	58.00	581
初等几何研究	2015－02	58.00	444
十九和二十世纪欧氏几何学中的片段	2017－01	58.00	696
平面几何中考.高考.奥数一本通	2017－07	28.00	820
几何学简史	2017－08	28.00	833
四面体	2018－01	48.00	880
平面几何证明方法思路	2018－12	68.00	913
折纸中的几何练习	2022－09	48.00	1559
中学新几何学(英文)	2022－10	98.00	1562
线性代数与几何	2023－04	68.00	1633
四面体几何学引论	2023－06	68.00	1648

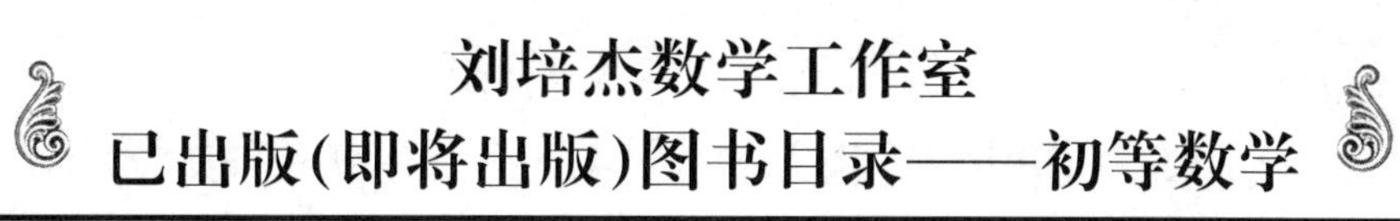

刘培杰数学工作室
已出版(即将出版)图书目录——初等数学

书　　名	出版时间	定　价	编号
平面几何图形特性新析.上篇	2019－01	68.00	911
平面几何图形特性新析.下篇	2018－06	88.00	912
平面几何范例多解探究.上篇	2018－04	48.00	910
平面几何范例多解探究.下篇	2018－12	68.00	914
从分析解题过程学解题:竞赛中的几何问题研究	2018－07	68.00	946
从分析解题过程学解题:竞赛中的向量几何与不等式研究(全 2 册)	2019－06	138.00	1090
从分析解题过程学解题:竞赛中的不等式问题	2021－01	48.00	1249
二维、三维欧氏几何的对偶原理	2018－12	38.00	990
星形大观及闭折线论	2019－03	68.00	1020
立体几何的问题和方法	2019－11	58.00	1127
三角代换论	2021－05	58.00	1313
俄罗斯平面几何问题集	2009－08	88.00	55
俄罗斯立体几何问题集	2014－03	58.00	283
俄罗斯几何大师——沙雷金论数学及其他	2014－01	48.00	271
来自俄罗斯的 5000 道几何习题及解答	2011－03	58.00	89
俄罗斯初等数学问题集	2012－05	38.00	177
俄罗斯函数问题集	2011－03	38.00	103
俄罗斯组合分析问题集	2011－01	48.00	79
俄罗斯初等数学万题选——三角卷	2012－11	38.00	222
俄罗斯初等数学万题选——代数卷	2013－08	68.00	225
俄罗斯初等数学万题选——几何卷	2014－01	68.00	226
俄罗斯《量子》杂志数学征解问题 100 题选	2018－08	48.00	969
俄罗斯《量子》杂志数学征解问题又 100 题选	2018－08	48.00	970
俄罗斯《量子》杂志数学征解问题	2020－05	48.00	1138
463 个俄罗斯几何老问题	2012－01	28.00	152
《量子》数学短文精粹	2018－09	38.00	972
用三角、解析几何等计算解来自俄罗斯的几何题	2019－11	88.00	1119
基谢廖夫平面几何	2022－01	48.00	1461
基谢廖夫立体几何	2023－04	48.00	1599
数学:代数、数学分析和几何(10—11 年级)	2021－01	48.00	1250
直观几何学:5—6 年级	2022－04	58.00	1508
几何学:第 2 版.7—9 年级	2023－08	68.00	1684
平面几何:9—11 年级	2022－10	48.00	1571
立体几何.10—11 年级	2022－01	58.00	1472
几何快递	2024－05	48.00	1697
谈谈素数	2011－03	18.00	91
平方和	2011－03	18.00	92
整数论	2011－05	38.00	120
从整数谈起	2015－10	28.00	538
数与多项式	2016－01	38.00	558
谈谈不定方程	2011－05	28.00	119
质数漫谈	2022－07	68.00	1529
解析不等式新论	2009－06	68.00	48
建立不等式的方法	2011－03	98.00	104
数学奥林匹克不等式研究(第 2 版)	2020－07	68.00	1181
不等式研究(第三辑)	2023－08	198.00	1673
不等式的秘密(第一卷)(第 2 版)	2014－02	38.00	286
不等式的秘密(第二卷)	2014－01	38.00	268
初等不等式的证明方法	2010－06	38.00	123
初等不等式的证明方法(第二版)	2014－11	38.00	407
不等式・理论・方法(基础卷)	2015－07	38.00	496
不等式・理论・方法(经典不等式卷)	2015－07	38.00	497
不等式・理论・方法(特殊类型不等式卷)	2015－07	48.00	498
不等式探究	2016－03	38.00	582
不等式探秘	2017－01	88.00	689

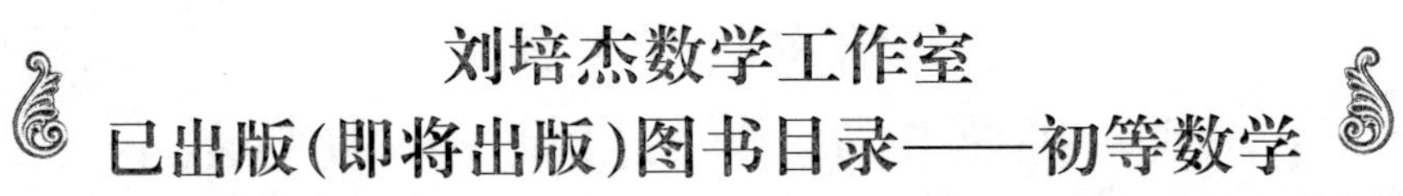

刘培杰数学工作室
已出版(即将出版)图书目录——初等数学

书　　名	出版时间	定　价	编号
四面体不等式	2017—01	68.00	715
数学奥林匹克中常见重要不等式	2017—09	38.00	845
三正弦不等式	2018—09	98.00	974
函数方程与不等式:解法与稳定性结果	2019—04	68.00	1058
数学不等式.第1卷,对称多项式不等式	2022—05	78.00	1455
数学不等式.第2卷,对称有理不等式与对称无理不等式	2022—05	88.00	1456
数学不等式.第3卷,循环不等式与非循环不等式	2022—05	88.00	1457
数学不等式.第4卷,Jensen不等式的扩展与加细	2022—05	88.00	1458
数学不等式.第5卷,创建不等式与解不等式的其他方法	2022—05	88.00	1459
不定方程及其应用.上	2018—12	58.00	992
不定方程及其应用.中	2019—01	78.00	993
不定方程及其应用.下	2019—02	98.00	994
Nesbitt不等式加强式的研究	2022—06	128.00	1527
最值定理与分析不等式	2023—02	78.00	1567
一类积分不等式	2023—02	88.00	1579
邦费罗尼不等式及概率应用	2023—05	58.00	1637
同余理论	2012—05	38.00	163
[x]与{x}	2015—04	48.00	476
极值与最值.上卷	2015—06	28.00	486
极值与最值.中卷	2015—06	38.00	487
极值与最值.下卷	2015—06	28.00	488
整数的性质	2012—11	38.00	192
完全平方数及其应用	2015—08	78.00	506
多项式理论	2015—10	88.00	541
奇数、偶数、奇偶分析法	2018—01	98.00	876
历届美国中学生数学竞赛试题及解答(第1卷)1950～1954	2014—07	18.00	277
历届美国中学生数学竞赛试题及解答(第2卷)1955～1959	2014—04	18.00	278
历届美国中学生数学竞赛试题及解答(第3卷)1960～1964	2014—06	18.00	279
历届美国中学生数学竞赛试题及解答(第4卷)1965～1969	2014—04	28.00	280
历届美国中学生数学竞赛试题及解答(第5卷)1970～1972	2014—06	18.00	281
历届美国中学生数学竞赛试题及解答(第6卷)1973～1980	2017—07	18.00	768
历届美国中学生数学竞赛试题及解答(第7卷)1981～1986	2015—01	18.00	424
历届美国中学生数学竞赛试题及解答(第8卷)1987～1990	2017—05	18.00	769
历届国际数学奥林匹克试题集	2023—09	158.00	1701
历届中国数学奥林匹克试题集(第3版)	2021—10	58.00	1440
历届加拿大数学奥林匹克试题集	2012—08	38.00	215
历届美国数学奥林匹克试题集	2023—08	98.00	1681
历届波兰数学竞赛试题集.第1卷,1949～1963	2015—03	18.00	453
历届波兰数学竞赛试题集.第2卷,1964～1976	2015—03	18.00	454
历届巴尔干数学奥林匹克试题集	2015—05	38.00	466
历届CGMO试题及解答	2024—03	48.00	1717
保加利亚数学奥林匹克	2014—10	38.00	393
圣彼得堡数学奥林匹克试题集	2015—01	38.00	429
匈牙利奥林匹克数学竞赛题解.第1卷	2016—05	28.00	593
匈牙利奥林匹克数学竞赛题解.第2卷	2016—05	28.00	594
历届美国数学邀请赛试题集(第2版)	2017—10	78.00	851
全美高中数学竞赛:纽约州数学竞赛(1989—1994)	2024—08	48.00	1740
普林斯顿大学数学竞赛	2016—06	38.00	669
亚太地区数学奥林匹克竞赛题	2015—07	18.00	492
日本历届(初级)广中杯数学竞赛试题及解答.第1卷(2000～2007)	2016—05	28.00	641
日本历届(初级)广中杯数学竞赛试题及解答.第2卷(2008～2015)	2016—05	38.00	642
越南数学奥林匹克题选:1962—2009	2021—07	48.00	1370
罗马尼亚大师杯数学竞赛试题及解答	2024—09	48.00	1746
欧洲女子数学奥林匹克	2024—04	48.00	1723
360个数学竞赛问题	2016—08	58.00	677

刘培杰数学工作室

已出版(即将出版)图书目录——初等数学

书　　名	出版时间	定　价	编号
奥数最佳实战题.上卷	2017－06	38.00	760
奥数最佳实战题.下卷	2017－05	58.00	761
解决问题的策略	2024－08	48.00	1742
哈尔滨市早期中学数学竞赛试题汇编	2016－07	28.00	672
全国高中数学联赛试题及解答:1981—2019(第4版)	2020－07	138.00	1176
2024年全国高中数学联合竞赛模拟题集	2024－01	38.00	1702
20世纪50年代全国部分城市数学竞赛试题汇编	2017－07	28.00	797
国内外数学竞赛题及精解:2018—2019	2020－08	45.00	1192
国内外数学竞赛题及精解:2019—2020	2021－11	58.00	1439
许康华竞赛优学精选集.第一辑	2018－08	68.00	949
天问叶班数学问题征解100题.Ⅰ,2016－2018	2019－05	88.00	1075
天问叶班数学问题征解100题.Ⅱ,2017－2019	2020－07	98.00	1177
美国初中数学竞赛:AMC8准备(共6卷)	2019－07	138.00	1089
美国高中数学竞赛:AMC10准备(共6卷)	2019－08	158.00	1105
王连笑教你怎样学数学:高考选择题解题策略与客观题实用训练	2014－01	48.00	262
王连笑教你怎样学数学:高考数学高层次讲座	2015－02	48.00	432
高考数学的理论与实践	2009－08	38.00	53
高考数学核心题型解题方法与技巧	2010－01	28.00	86
高考思维新平台	2014－03	38.00	259
高考数学压轴题解题诀窍(上)(第2版)	2018－01	58.00	874
高考数学压轴题解题诀窍(下)(第2版)	2018－01	48.00	875
突破高考数学新定义创新压轴题	2024－08	88.00	1741
北京市五区文科数学三年高考模拟题详解:2013～2015	2015－08	48.00	500
北京市五区理科数学三年高考模拟题详解:2013～2015	2015－09	68.00	505
向量法巧解数学高考题	2009－08	28.00	54
高中数学课堂教学的实践与反思	2021－11	48.00	791
数学高考参考	2016－01	78.00	589
新课程标准高考数学解答题各种题型解法指导	2020－08	78.00	1196
全国及各省市高考数学试题审题要津与解法研究	2015－02	48.00	450
高中数学章节起始课的教学研究与案例设计	2019－05	28.00	1064
新课标高考数学——五年试题分章详解(2007～2011)(上、下)	2011－10	78.00	140,141
全国中考数学压轴题审题要津与解法研究	2013－04	78.00	248
新编全国及各省市中考数学压轴题审题要津与解法研究	2014－05	58.00	342
全国及各省市5年中考数学压轴题审题要津与解法研究(2015版)	2015－04	58.00	462
中考数学专题总复习	2007－04	28.00	6
中考数学较难题常考题型解题方法与技巧	2016－09	48.00	681
中考数学难题常考题型解题方法与技巧	2016－09	48.00	682
中考数学中档题常考题型解题方法与技巧	2017－08	68.00	835
中考数学选择填空压轴好题妙解365	2024－01	80.00	1698
中考数学:三类重点考题的解法例析与习题	2020－04	48.00	1140
中小学数学的历史文化	2019－11	48.00	1124
小升初衔接数学	2024－06	68.00	1734
赢在小升初——数学	2024－08	78.00	1739
初中平面几何百题多思创新解	2020－01	58.00	1125
初中数学中考备考	2020－01	58.00	1126
高考数学之九章演义	2019－08	68.00	1044
高考数学之难题谈笑间	2022－06	68.00	1519
化学可以这样学:高中化学知识方法智慧感悟疑难辨析	2019－07	58.00	1103
如何成为学习高手	2019－09	58.00	1107
高考数学:经典真题分类解析	2020－04	78.00	1134
高考数学解答题破解策略	2020－11	58.00	1221
从分析解题过程学解题:高考压轴题与竞赛题之关系探究	2020－08	88.00	1179
从分析解题过程学解题:数学高考与竞赛的互联互通探究	2024－06	88.00	1735
教学新思考:单元整体视角下的初中数学教学设计	2021－03	58.00	1278
思维再拓展:2020年经典几何题的多解探究与思考	即将出版		1279
中考数学小压轴汇编初讲	2017－07	48.00	788
中考数学大压轴专题微言	2017－09	48.00	846

刘培杰数学工作室
已出版(即将出版)图书目录——初等数学

书　　名	出版时间	定　价	编号
怎么解中考平面几何探索题	2019—06	48.00	1093
北京中考数学压轴题解题方法突破(第 9 版)	2024—01	78.00	1645
助你高考成功的数学解题智慧:知识是智慧的基础	2016—01	58.00	596
助你高考成功的数学解题智慧:错误是智慧的试金石	2016—04	58.00	643
助你高考成功的数学解题智慧:方法是智慧的推手	2016—04	68.00	657
高考数学奇思妙解	2016—04	38.00	610
高考数学解题策略	2016—05	48.00	670
数学解题泄天机(第 2 版)	2017—10	48.00	850
高中物理教学讲义	2018—01	48.00	871
高中物理教学讲义:全模块	2022—03	98.00	1492
高中物理答疑解惑 65 篇	2021—11	48.00	1462
中学物理基础问题解析	2020—08	48.00	1183
初中数学、高中数学脱节知识补缺教材	2017—06	48.00	766
高考数学客观题解题方法和技巧	2017—10	38.00	847
十年高考数学精品试题审题要津与解法研究	2021—10	98.00	1427
中国历届高考数学试题及解答.1949—1979	2018—01	38.00	877
历届中国高考数学试题及解答.第二卷,1980—1989	2018—10	28.00	975
历届中国高考数学试题及解答.第三卷,1990—1999	2018—10	48.00	976
跟我学解高中数学题	2018—07	58.00	926
中学数学研究的方法及案例	2018—05	58.00	869
高考数学抢分技能	2018—07	68.00	934
高一新生常用数学方法和重要数学思想提升教材	2018—06	38.00	921
高考数学全国卷六道解答题常考题型解题诀窍:理科(全 2 册)	2019—07	78.00	1101
高考数学全国卷 16 道选择、填空题常考题型解题诀窍.理科	2018—09	88.00	971
高考数学全国卷 16 道选择、填空题常考题型解题诀窍.文科	2020—01	88.00	1123
高中数学一题多解	2019—06	58.00	1087
历届中国高考数学试题及解答:1917—1999	2021—08	118.00	1371
2000～2003 年全国及各省市高考数学试题及解答	2022—05	88.00	1499
2004 年全国及各省市高考数学试题及解答	2023—08	78.00	1500
2005 年全国及各省市高考数学试题及解答	2023—08	78.00	1501
2006 年全国及各省市高考数学试题及解答	2023—08	88.00	1502
2007 年全国及各省市高考数学试题及解答	2023—08	98.00	1503
2008 年全国及各省市高考数学试题及解答	2023—08	88.00	1504
2009 年全国及各省市高考数学试题及解答	2023—08	88.00	1505
2010 年全国及各省市高考数学试题及解答	2023—08	98.00	1506
2011～2017 年全国及各省市高考数学试题及解答	2024—01	78.00	1507
2018～2023 年全国及各省市高考数学试题及解答	2024—03	78.00	1709
突破高原:高中数学解题思维探究	2021—08	48.00	1375
高考数学中的"取值范围"	2021—10	48.00	1429
新课程标准高中数学各种题型解法大全.必修一分册	2021—06	58.00	1315
新课程标准高中数学各种题型解法大全.必修二分册	2022—01	68.00	1471
高中数学各种题型解法大全.选择性必修一分册	2022—06	68.00	1525
高中数学各种题型解法大全.选择性必修二分册	2023—01	58.00	1600
高中数学各种题型解法大全.选择性必修三分册	2023—04	48.00	1643
高中数学专题研究	2024—05	88.00	1722
历届全国初中数学竞赛经典试题详解	2023—04	88.00	1624
孟祥礼高考数学精刷精解	2023—06	98.00	1663
新编 640 个世界著名数学智力趣题	2014—01	88.00	242
500 个最新世界著名数学智力趣题	2008—06	48.00	3
400 个最新世界著名数学最值问题	2008—09	48.00	36
500 个世界著名数学征解问题	2009—06	48.00	52
400 个中国最佳初等数学征解老问题	2010—01	48.00	60
500 个俄罗斯数学经典老题	2011—01	28.00	81
1000 个国外中学物理好题	2012—04	48.00	174
300 个日本高考数学题	2012—05	38.00	142
700 个早期日本高考数学试题	2017—02	88.00	752

刘培杰数学工作室

已出版(即将出版)图书目录——初等数学

书　　名	出版时间	定　价	编号
500 个前苏联早期高考数学试题及解答	2012－05	28.00	185
546 个早期俄罗斯大学生数学竞赛题	2014－03	38.00	285
548 个来自美苏的数学好问题	2014－11	28.00	396
20 所苏联著名大学早期入学试题	2015－02	18.00	452
161 道德国工科大学生必做的微分方程习题	2015－05	28.00	469
500 个德国工科大学生必做的高数习题	2015－06	28.00	478
360 个数学竞赛问题	2016－08	58.00	677
200 个趣味数学故事	2018－02	48.00	857
470 个数学奥林匹克中的最值问题	2018－10	88.00	985
德国讲义日本考题. 微积分卷	2015－04	48.00	456
德国讲义日本考题. 微分方程卷	2015－04	38.00	457
二十世纪中叶中、英、美、日、法、俄高考数学试题精选	2017－06	38.00	783
中国初等数学研究　2009 卷(第 1 辑)	2009－05	20.00	45
中国初等数学研究　2010 卷(第 2 辑)	2010－05	30.00	68
中国初等数学研究　2011 卷(第 3 辑)	2011－07	60.00	127
中国初等数学研究　2012 卷(第 4 辑)	2012－07	48.00	190
中国初等数学研究　2014 卷(第 5 辑)	2014－02	48.00	288
中国初等数学研究　2015 卷(第 6 辑)	2015－06	68.00	493
中国初等数学研究　2016 卷(第 7 辑)	2016－04	68.00	609
中国初等数学研究　2017 卷(第 8 辑)	2017－01	98.00	712
初等数学研究在中国. 第 1 辑	2019－03	158.00	1024
初等数学研究在中国. 第 2 辑	2019－10	158.00	1116
初等数学研究在中国. 第 3 辑	2021－05	158.00	1306
初等数学研究在中国. 第 4 辑	2022－06	158.00	1520
初等数学研究在中国. 第 5 辑	2023－07	158.00	1635
几何变换(Ⅰ)	2014－07	28.00	353
几何变换(Ⅱ)	2015－06	28.00	354
几何变换(Ⅲ)	2015－01	38.00	355
几何变换(Ⅳ)	2015－12	38.00	356
初等数论难题集(第一卷)	2009－05	68.00	44
初等数论难题集(第二卷)(上、下)	2011－02	128.00	82,83
数论概貌	2011－03	18.00	93
代数数论(第二版)	2013－08	58.00	94
代数多项式	2014－06	38.00	289
初等数论的知识与问题	2011－02	28.00	95
超越数论基础	2011－03	28.00	96
数论初等教程	2011－03	28.00	97
数论基础	2011－03	18.00	98
数论基础与维诺格拉多夫	2014－03	18.00	292
解析数论基础	2012－08	28.00	216
解析数论基础(第二版)	2014－01	48.00	287
解析数论问题集(第二版)(原版引进)	2014－05	88.00	343
解析数论问题集(第二版)(中译本)	2016－04	88.00	607
解析数论基础(潘承洞,潘承彪著)	2016－07	98.00	673
解析数论导引	2016－07	58.00	674
数论入门	2011－03	38.00	99
代数数论入门	2015－03	38.00	448

刘培杰数学工作室
已出版(即将出版)图书目录——初等数学

书　名	出版时间	定　价	编号
数论开篇	2012－07	28.00	194
解析数论引论	2011－03	48.00	100
Barban Davenport Halberstam 均值和	2009－01	40.00	33
基础数论	2011－03	28.00	101
初等数论 100 例	2011－05	18.00	122
初等数论经典例题	2012－07	18.00	204
最新世界各国数学奥林匹克中的初等数论试题(上、下)	2012－01	138.00	144,145
初等数论(Ⅰ)	2012－01	18.00	156
初等数论(Ⅱ)	2012－01	18.00	157
初等数论(Ⅲ)	2012－01	28.00	158
平面几何与数论中未解决的新老问题	2013－01	68.00	229
代数数论简史	2014－11	28.00	408
代数数论	2015－09	88.00	532
代数、数论及分析习题集	2016－11	98.00	695
数论导引提要及习题解答	2016－01	48.00	559
素数定理的初等证明．第 2 版	2016－09	48.00	686
数论中的模函数与狄利克雷级数(第二版)	2017－11	78.00	837
数论：数学导引	2018－01	68.00	849
范氏大代数	2019－02	98.00	1016
解析数学讲义．第一卷，导来式及微分、积分、级数	2019－04	88.00	1021
解析数学讲义．第二卷，关于几何的应用	2019－04	68.00	1022
解析数学讲义．第三卷，解析函数论	2019－04	78.00	1023
分析・组合・数论纵横谈	2019－04	58.00	1039
Hall 代数：民国时期的中学数学课本：英文	2019－08	88.00	1106
基谢廖夫初等代数	2022－07	38.00	1531
基谢廖夫算术	2024－05	48.00	1725

书　名	出版时间	定　价	编号
数学精神巡礼	2019－01	58.00	731
数学眼光透视(第 2 版)	2017－06	78.00	732
数学思想领悟(第 2 版)	2018－01	68.00	733
数学方法溯源(第 2 版)	2018－08	68.00	734
数学解题引论	2017－05	58.00	735
数学史话览胜(第 2 版)	2017－01	48.00	736
数学应用展观(第 2 版)	2017－08	68.00	737
数学建模尝试	2018－04	48.00	738
数学竞赛采风	2018－01	68.00	739
数学测评探营	2019－05	58.00	740
数学技能操握	2018－03	48.00	741
数学欣赏拾趣	2018－02	48.00	742

书　名	出版时间	定　价	编号
从毕达哥拉斯到怀尔斯	2007－10	48.00	9
从迪利克雷到维斯卡尔迪	2008－01	48.00	21
从哥德巴赫到陈景润	2008－05	98.00	35
从庞加莱到佩雷尔曼	2011－08	138.00	136

书　名	出版时间	定　价	编号
博弈论精粹	2008－03	58.00	30
博弈论精粹．第二版(精装)	2015－01	88.00	461
数学　我爱你	2008－01	28.00	20
精神的圣徒　别样的人生——60 位中国数学家成长的历程	2008－09	48.00	39
数学史概论	2009－06	78.00	50

刘培杰数学工作室
已出版(即将出版)图书目录——初等数学

书　　名	出版时间	定　价	编号
数学史概论(精装)	2013－03	158.00	272
数学史选讲	2016－01	48.00	544
斐波那契数列	2010－02	28.00	65
数学拼盘和斐波那契魔方	2010－07	38.00	72
斐波那契数列欣赏(第2版)	2018－08	58.00	948
Fibonacci 数列中的明珠	2018－06	58.00	928
数学的创造	2011－02	48.00	85
数学美与创造力	2016－01	48.00	595
数海拾贝	2016－01	48.00	590
数学中的美(第2版)	2019－04	68.00	1057
数论中的美学	2014－12	38.00	351
数学王者　科学巨人——高斯	2015－01	28.00	428
振兴祖国数学的圆梦之旅:中国初等数学研究史话	2015－06	98.00	490
二十世纪中国数学史料研究	2015－10	48.00	536
《九章算法比类大全》校注	2024－06	198.00	1695
数字谜、数阵图与棋盘覆盖	2016－01	58.00	298
数学概念的进化:一个初步的研究	2023－07	68.00	1683
数学发现的艺术:数学探索中的合情推理	2016－07	58.00	671
活跃在数学中的参数	2016－07	48.00	675
数海趣史	2021－05	98.00	1314
玩转幻中之幻	2023－08	88.00	1682
数学艺术品	2023－09	98.00	1685
数学博弈与游戏	2023－10	68.00	1692
数学解题——靠数学思想给力(上)	2011－07	38.00	131
数学解题——靠数学思想给力(中)	2011－07	48.00	132
数学解题——靠数学思想给力(下)	2011－07	38.00	133
我怎样解题	2013－01	48.00	227
数学解题中的物理方法	2011－06	28.00	114
数学解题的特殊方法	2011－06	48.00	115
中学数学计算技巧(第2版)	2020－10	48.00	1220
中学数学证明方法	2012－01	58.00	117
数学趣题巧解	2012－03	28.00	128
高中数学教学通鉴	2015－05	58.00	479
和高中生漫谈:数学与哲学的故事	2014－08	28.00	369
算术问题集	2017－03	38.00	789
张教授讲数学	2018－07	38.00	933
陈永明实话实说数学教学	2020－04	68.00	1132
中学数学学科知识与教学能力	2020－06	58.00	1155
怎样把课讲好:大罕数学教学随笔	2022－03	58.00	1484
中国高考评价体系下高考数学探秘	2022－03	48.00	1487
数苑漫步	2024－01	58.00	1670
自主招生考试中的参数方程问题	2015－01	28.00	435
自主招生考试中的极坐标问题	2015－04	28.00	463
近年全国重点大学自主招生数学试题全解及研究.华约卷	2015－02	38.00	441
近年全国重点大学自主招生数学试题全解及研究.北约卷	2016－05	38.00	619
自主招生数学解证宝典	2015－09	48.00	535
中国科学技术大学创新班数学真题解析	2022－03	48.00	1488
中国科学技术大学创新班物理真题解析	2022－03	58.00	1489
格点和面积	2012－07	18.00	191
射影几何趣谈	2012－04	28.00	175
斯潘纳尔引理——从一道加拿大数学奥林匹克试题谈起	2014－01	28.00	228
李普希兹条件——从几道近年高考数学试题谈起	2012－10	18.00	221
拉格朗日中值定理——从一道北京高考试题的解法谈起	2015－10	18.00	197

刘培杰数学工作室
已出版(即将出版)图书目录——初等数学

书　　名	出版时间	定　价	编号
闵科夫斯基定理——从一道清华大学自主招生试题谈起	2014-01	28.00	198
哈尔测度——从一道冬令营试题的背景谈起	2012-08	28.00	202
切比雪夫逼近问题——从一道中国台北数学奥林匹克试题谈起	2013-04	38.00	238
伯恩斯坦多项式与贝齐尔曲面——从一道全国高中数学联赛试题谈起	2013-03	38.00	236
卡塔兰猜想——从一道普特南竞赛试题谈起	2013-06	18.00	256
麦卡锡函数和阿克曼函数——从一道前南斯拉夫数学奥林匹克试题谈起	2012-08	18.00	201
贝蒂定理与拉姆贝克莫斯尔定理——从一个拣石子游戏谈起	2012-08	18.00	217
皮亚诺曲线和豪斯道夫分球定理——从无限集谈起	2012-08	18.00	211
平面凸图形与凸多面体	2012-10	28.00	218
斯坦因豪斯问题——从一道二十五省市自治区中学数学竞赛试题谈起	2012-07	18.00	196
纽结理论中的亚历山大多项式与琼斯多项式——从一道北京市高一数学竞赛试题谈起	2012-07	28.00	195
原则与策略——从波利亚"解题表"谈起	2013-04	38.00	244
转化与化归——从三大尺规作图不能问题谈起	2012-08	28.00	214
代数几何中的贝祖定理(第一版)——从一道 IMO 试题的解法谈起	2013-08	18.00	193
成功连贯理论与约当块理论——从一道比利时数学竞赛试题谈起	2012-04	18.00	180
素数判定与大数分解	2014-08	18.00	199
置换多项式及其应用	2012-10	18.00	220
椭圆函数与模函数——从一道美国加州大学洛杉矶分校(UCLA)博士资格考题谈起	2012-10	28.00	219
差分方程的拉格朗日方法——从一道 2011 年全国高考理科试题的解法谈起	2012-08	28.00	200
力学在几何中的一些应用	2013-01	38.00	240
从根式解到伽罗华理论	2020-01	48.00	1121
康托洛维奇不等式——从一道全国高中联赛试题谈起	2013-03	28.00	337
拉克斯定理和阿廷定理——从一道 IMO 试题的解法谈起	2014-01	58.00	246
毕卡大定理——从一道美国大学数学竞赛试题谈起	2014-07	18.00	350
拉格朗日乘子定理——从一道 2005 年全国高中联赛试题的高等数学解法谈起	2015-05	28.00	480
雅可比定理——从一道日本数学奥林匹克试题谈起	2013-04	48.00	249
李天岩-约克定理——从一道波兰数学竞赛试题谈起	2014-06	28.00	349
受控理论与初等不等式:从一道 IMO 试题的解法谈起	2023-03	48.00	1601
布劳维不动点定理——从一道前苏联数学奥林匹克试题谈起	2014-01	38.00	273
莫德尔-韦伊定理——从一道日本数学奥林匹克试题谈起	2024-10	48.00	1602
斯蒂尔杰斯积分——从一道国际大学生数学竞赛试题的解法谈起	2024-10	68.00	1605
切博塔廖夫猜想——从一道 1978 年全国高中数学竞赛试题谈起	2024-10	38.00	1606
卡西尼卵形线:从一道高中数学期中考试试题谈起	2024-10	48.00	1607
格罗斯问题:亚纯函数的唯一性问题	2024-10	48.00	1608
布格尔问题——从一道第 6 届全国中学生物理竞赛预赛试题谈起	2024-09	68.00	1609
多项式逼近问题——从一道美国大学生数学竞赛试题谈起	2024-10	48.00	1748
中国剩余定理:总数法构建中国历史年表	2015-01	28.00	430
牛顿程序与方程求根——从一道全国高考试题解法谈起	即将出版		
库默尔定理——从一道 IMO 预选试题谈起	即将出版		
卢丁定理——从一道冬令营试题的解法谈起	即将出版		
沃斯滕霍姆定理——从一道 IMO 预选试题谈起	即将出版		
卡尔松不等式——从一道莫斯科数学奥林匹克试题谈起	即将出版		
信息论中的香农熵——从一道近年高考压轴题谈起	即将出版		

刘培杰数学工作室

已出版(即将出版)图书目录——初等数学

书　　名	出版时间	定　价	编号
约当不等式——从一道希望杯竞赛试题谈起	即将出版		
拉比诺维奇定理	即将出版		
刘维尔定理——从一道《美国数学月刊》征解问题的解法谈起	即将出版		
卡塔兰恒等式与级数求和——从一道 IMO 试题的解法谈起	即将出版		
勒让德猜想与素数分布——从一道爱尔兰竞赛试题谈起	即将出版		
天平称重与信息论——从一道基辅市数学奥林匹克试题谈起	即将出版		
哈密尔顿一凯莱定理:从一道高中数学联赛试题的解法谈起	2014—09	18.00	376
艾思特曼定理——从一道 CMO 试题的解法谈起	即将出版		
阿贝尔恒等式与经典不等式及应用	2018—06	98.00	923
迪利克雷除数问题	2018—07	48.00	930
幻方、幻立方与拉丁方	2019—08	48.00	1092
帕斯卡三角形	2014—03	18.00	294
蒲丰投针问题——从 2009 年清华大学的一道自主招生试题谈起	2014—01	38.00	295
斯图姆定理——从一道"华约"自主招生试题的解法谈起	2014—01	18.00	296
许瓦兹引理——从一道加利福尼亚大学伯克利分校数学系博士生试题谈起	2014—08	18.00	297
拉姆塞定理——从王诗宬院士的一个问题谈起	2016—04	48.00	299
坐标法	2013—12	28.00	332
数论三角形	2014—04	38.00	341
毕克定理	2014—07	18.00	352
数林掠影	2014—09	48.00	389
我们周围的概率	2014—10	38.00	390
凸函数最值定理:从一道华约自主招生题的解法谈起	2014—10	28.00	391
易学与数学奥林匹克	2014—10	38.00	392
生物数学趣谈	2015—01	18.00	409
反演	2015—01	28.00	420
因式分解与圆锥曲线	2015—01	18.00	426
轨迹	2015—01	28.00	427
面积原理:从常庚哲命的一道 CMO 试题的积分解法谈起	2015—01	48.00	431
形形色色的不动点定理:从一道 28 届 IMO 试题谈起	2015—01	38.00	439
柯西函数方程:从一道上海交大自主招生的试题谈起	2015—02	28.00	440
三角恒等式	2015—02	28.00	442
无理性判定:从一道 2014 年"北约"自主招生试题谈起	2015—01	38.00	443
数学归纳法	2015—03	18.00	451
极端原理与解题	2015—04	28.00	464
法雷级数	2014—08	18.00	367
摆线族	2015—01	38.00	438
函数方程及其解法	2015—05	38.00	470
含参数的方程和不等式	2012—09	28.00	213
希尔伯特第十问题	2016—01	38.00	543
无穷小量的求和	2016—01	28.00	545
切比雪夫多项式:从一道清华大学金秋营试题谈起	2016—01	38.00	583
泽肯多夫定理	2016—03	38.00	599
代数等式证题法	2016—01	28.00	600
三角等式证题法	2016—01	28.00	601
吴大任教授藏书中的一个因式分解公式:从一道美国数学邀请赛试题的解法谈起	2016—06	28.00	656
易卦——类万物的数学模型	2017—08	68.00	838
"不可思议"的数与数系可持续发展	2018—01	38.00	878
最短线	2018—01	38.00	879
数学在天文、地理、光学、机械力学中的一些应用	2023—03	88.00	1576
从阿基米德三角形谈起	2023—01	28.00	1578

刘培杰数学工作室
已出版(即将出版)图书目录——初等数学

书　　名	出版时间	定　价	编号
幻方和魔方(第一卷)	2012－05	68.00	173
尘封的经典——初等数学经典文献选读(第一卷)	2012－07	48.00	205
尘封的经典——初等数学经典文献选读(第二卷)	2012－07	38.00	206
初级方程式论	2011－03	28.00	106
初等数学研究(Ⅰ)	2008－09	68.00	37
初等数学研究(Ⅱ)(上、下)	2009－05	118.00	46,47
初等数学专题研究	2022－10	68.00	1568
趣味初等方程妙题集锦	2014－09	48.00	388
趣味初等数论选美与欣赏	2015－02	48.00	445
耕读笔记(上卷):一位农民数学爱好者的初数探索	2015－04	28.00	459
耕读笔记(中卷):一位农民数学爱好者的初数探索	2015－05	28.00	483
耕读笔记(下卷):一位农民数学爱好者的初数探索	2015－05	28.00	484
几何不等式研究与欣赏.上卷	2016－01	88.00	547
几何不等式研究与欣赏.下卷	2016－01	48.00	552
初等数列研究与欣赏・上	2016－01	48.00	570
初等数列研究与欣赏・下	2016－01	48.00	571
趣味初等函数研究与欣赏.上	2016－09	48.00	684
趣味初等函数研究与欣赏.下	2018－09	48.00	685
三角不等式研究与欣赏	2020－10	68.00	1197
新编平面解析几何解题方法研究与欣赏	2021－10	78.00	1426
火柴游戏(第2版)	2022－05	38.00	1493
智力解谜.第1卷	2017－07	38.00	613
智力解谜.第2卷	2017－07	38.00	614
故事智力	2016－07	48.00	615
名人们喜欢的智力问题	2020－01	48.00	616
数学大师的发现、创造与失误	2018－01	48.00	617
异曲同工	2018－09	48.00	618
数学的味道(第2版)	2023－10	68.00	1686
数学千字文	2018－10	68.00	977
数贝偶拾——高考数学题研究	2014－04	28.00	274
数贝偶拾——初等数学研究	2014－04	38.00	275
数贝偶拾——奥数题研究	2014－04	48.00	276
钱昌本教你快乐学数学(上)	2011－12	48.00	155
钱昌本教你快乐学数学(下)	2012－03	58.00	171
集合、函数与方程	2014－01	28.00	300
数列与不等式	2014－01	38.00	301
三角与平面向量	2014－01	28.00	302
平面解析几何	2014－01	38.00	303
立体几何与组合	2014－01	28.00	304
极限与导数、数学归纳法	2014－01	38.00	305
趣味数学	2014－03	28.00	306
教材教法	2014－04	68.00	307
自主招生	2014－05	58.00	308
高考压轴题(上)	2015－01	48.00	309
高考压轴题(下)	2014－10	68.00	310

刘培杰数学工作室
已出版(即将出版)图书目录——初等数学

书　　名	出版时间	定　价	编号
从费马到怀尔斯——费马大定理的历史	2013-10	198.00	Ⅰ
从庞加莱到佩雷尔曼——庞加莱猜想的历史	2013-10	298.00	Ⅱ
从切比雪夫到爱尔特希(上)——素数定理的初等证明	2013-07	48.00	Ⅲ
从切比雪夫到爱尔特希(下)——素数定理100年	2012-12	98.00	Ⅲ
从高斯到盖尔方特——二次域的高斯猜想	2013-10	198.00	Ⅳ
从库默尔到朗兰兹——朗兰兹猜想的历史	2014-01	98.00	Ⅴ
从比勃巴赫到德布朗斯——比勃巴赫猜想的历史	2014-02	298.00	Ⅵ
从麦比乌斯到陈省身——麦比乌斯变换与麦比乌斯带	2014-02	298.00	Ⅶ
从布尔到豪斯道夫——布尔方程与格论漫谈	2013-10	198.00	Ⅷ
从开普勒到阿诺德——三体问题的历史	2014-05	298.00	Ⅸ
从华林到华罗庚——华林问题的历史	2013-10	298.00	Ⅹ

书　　名	出版时间	定　价	编号
美国高中数学竞赛五十讲.第1卷(英文)	2014-08	28.00	357
美国高中数学竞赛五十讲.第2卷(英文)	2014-08	28.00	358
美国高中数学竞赛五十讲.第3卷(英文)	2014-09	28.00	359
美国高中数学竞赛五十讲.第4卷(英文)	2014-09	28.00	360
美国高中数学竞赛五十讲.第5卷(英文)	2014-10	28.00	361
美国高中数学竞赛五十讲.第6卷(英文)	2014-11	28.00	362
美国高中数学竞赛五十讲.第7卷(英文)	2014-12	28.00	363
美国高中数学竞赛五十讲.第8卷(英文)	2015-01	28.00	364
美国高中数学竞赛五十讲.第9卷(英文)	2015-01	28.00	365
美国高中数学竞赛五十讲.第10卷(英文)	2015-02	38.00	366

书　　名	出版时间	定　价	编号
三角函数(第2版)	2017-04	38.00	626
不等式	2014-01	38.00	312
数列	2014-01	38.00	313
方程(第2版)	2017-04	38.00	624
排列和组合	2014-01	28.00	315
极限与导数(第2版)	2016-04	38.00	635
向量(第2版)	2018-08	58.00	627
复数及其应用	2014-08	28.00	318
函数	2014-01	38.00	319
集合	2020-01	48.00	320
直线与平面	2014-01	28.00	321
立体几何(第2版)	2016-04	38.00	629
解三角形	即将出版		323
直线与圆(第2版)	2016-11	38.00	631
圆锥曲线(第2版)	2016-09	48.00	632
解题通法(一)	2014-07	38.00	326
解题通法(二)	2014-07	38.00	327
解题通法(三)	2014-05	38.00	328
概率与统计	2014-01	28.00	329
信息迁移与算法	即将出版		330

刘培杰数学工作室
已出版(即将出版)图书目录——初等数学

书　　名	出版时间	定　价	编号
IMO 50 年. 第 1 卷(1959—1963)	2014—11	28.00	377
IMO 50 年. 第 2 卷(1964—1968)	2014—11	28.00	378
IMO 50 年. 第 3 卷(1969—1973)	2014—09	28.00	379
IMO 50 年. 第 4 卷(1974—1978)	2016—04	38.00	380
IMO 50 年. 第 5 卷(1979—1984)	2015—04	38.00	381
IMO 50 年. 第 6 卷(1985—1989)	2015—04	58.00	382
IMO 50 年. 第 7 卷(1990—1994)	2016—01	48.00	383
IMO 50 年. 第 8 卷(1995—1999)	2016—06	38.00	384
IMO 50 年. 第 9 卷(2000—2004)	2015—04	58.00	385
IMO 50 年. 第 10 卷(2005—2009)	2016—01	48.00	386
IMO 50 年. 第 11 卷(2010—2015)	2017—03	48.00	646
数学反思(2006—2007)	2020—09	88.00	915
数学反思(2008—2009)	2019—01	68.00	917
数学反思(2010—2011)	2018—05	58.00	916
数学反思(2012—2013)	2019—01	58.00	918
数学反思(2014—2015)	2019—03	78.00	919
数学反思(2016—2017)	2021—03	58.00	1286
数学反思(2018—2019)	2023—01	88.00	1593
历届美国大学生数学竞赛试题集. 第一卷(1938—1949)	2015—01	28.00	397
历届美国大学生数学竞赛试题集. 第二卷(1950—1959)	2015—01	28.00	398
历届美国大学生数学竞赛试题集. 第三卷(1960—1969)	2015—01	28.00	399
历届美国大学生数学竞赛试题集. 第四卷(1970—1979)	2015—01	18.00	400
历届美国大学生数学竞赛试题集. 第五卷(1980—1989)	2015—01	28.00	401
历届美国大学生数学竞赛试题集. 第六卷(1990—1999)	2015—01	28.00	402
历届美国大学生数学竞赛试题集. 第七卷(2000—2009)	2015—08	18.00	403
历届美国大学生数学竞赛试题集. 第八卷(2010—2012)	2015—01	18.00	404
新课标高考数学创新题解题诀窍:总论	2014—09	28.00	372
新课标高考数学创新题解题诀窍:必修 1～5 分册	2014—08	38.00	373
新课标高考数学创新题解题诀窍:选修 2—1,2—2,1—1,1—2分册	2014—09	38.00	374
新课标高考数学创新题解题诀窍:选修 2—3,4—4,4—5分册	2014—09	18.00	375
全国重点大学自主招生英文数学试题全攻略:词汇卷	2015—07	48.00	410
全国重点大学自主招生英文数学试题全攻略:概念卷	2015—01	28.00	411
全国重点大学自主招生英文数学试题全攻略:文章选读卷(上)	2016—09	38.00	412
全国重点大学自主招生英文数学试题全攻略:文章选读卷(下)	2017—01	58.00	413
全国重点大学自主招生英文数学试题全攻略:试题卷	2015—07	38.00	414
全国重点大学自主招生英文数学试题全攻略:名著欣赏卷	2017—03	48.00	415
劳埃德数学趣题大全. 题目卷. 1:英文	2016—01	18.00	516
劳埃德数学趣题大全. 题目卷. 2:英文	2016—01	18.00	517
劳埃德数学趣题大全. 题目卷. 3:英文	2016—01	18.00	518
劳埃德数学趣题大全. 题目卷. 4:英文	2016—01	18.00	519
劳埃德数学趣题大全. 题目卷. 5:英文	2016—01	18.00	520
劳埃德数学趣题大全. 答案卷:英文	2016—01	18.00	521

刘培杰数学工作室
已出版(即将出版)图书目录——初等数学

书　　名	出版时间	定　价	编号
李成章教练奥数笔记.第1卷	2016－01	48.00	522
李成章教练奥数笔记.第2卷	2016－01	48.00	523
李成章教练奥数笔记.第3卷	2016－01	38.00	524
李成章教练奥数笔记.第4卷	2016－01	38.00	525
李成章教练奥数笔记.第5卷	2016－01	38.00	526
李成章教练奥数笔记.第6卷	2016－01	38.00	527
李成章教练奥数笔记.第7卷	2016－01	38.00	528
李成章教练奥数笔记.第8卷	2016－01	48.00	529
李成章教练奥数笔记.第9卷	2016－01	28.00	530
第19～23届“希望杯”全国数学邀请赛试题审题要津详细评注(初一版)	2014－03	28.00	333
第19～23届“希望杯”全国数学邀请赛试题审题要津详细评注(初二、初三版)	2014－03	38.00	334
第19～23届“希望杯”全国数学邀请赛试题审题要津详细评注(高一版)	2014－03	28.00	335
第19～23届“希望杯”全国数学邀请赛试题审题要津详细评注(高二版)	2014－03	38.00	336
第19～25届“希望杯”全国数学邀请赛试题审题要津详细评注(初一版)	2015－01	38.00	416
第19～25届“希望杯”全国数学邀请赛试题审题要津详细评注(初二、初三版)	2015－01	58.00	417
第19～25届“希望杯”全国数学邀请赛试题审题要津详细评注(高一版)	2015－01	48.00	418
第19～25届“希望杯”全国数学邀请赛试题审题要津详细评注(高二版)	2015－01	48.00	419
物理奥林匹克竞赛大题典——力学卷	2014－11	48.00	405
物理奥林匹克竞赛大题典——热学卷	2014－04	28.00	339
物理奥林匹克竞赛大题典——电磁学卷	2015－07	48.00	406
物理奥林匹克竞赛大题典——光学与近代物理卷	2014－06	28.00	345
历届中国东南地区数学奥林匹克试题及解答	2024－06	68.00	1724
历届中国西部地区数学奥林匹克试题集(2001～2012)	2014－07	18.00	347
历届中国女子数学奥林匹克试题集(2002～2012)	2014－08	18.00	348
数学奥林匹克在中国	2014－06	98.00	344
数学奥林匹克问题集	2014－01	38.00	267
数学奥林匹克不等式散论	2010－06	38.00	124
数学奥林匹克不等式欣赏	2011－09	38.00	138
数学奥林匹克超级题库(初中卷上)	2010－01	58.00	66
数学奥林匹克不等式证明方法和技巧(上、下)	2011－08	158.00	134,135
他们学什么:原民主德国中学数学课本	2016－09	38.00	658
他们学什么:英国中学数学课本	2016－09	38.00	659
他们学什么:法国中学数学课本.1	2016－09	38.00	660
他们学什么:法国中学数学课本.2	2016－09	28.00	661
他们学什么:法国中学数学课本.3	2016－09	38.00	662
他们学什么:苏联中学数学课本	2016－09	28.00	679

刘培杰数学工作室
已出版(即将出版)图书目录——初等数学

书　名	出版时间	定　价	编号
高中数学题典——集合与简易逻辑·函数	2016—07	48.00	647
高中数学题典——导数	2016—07	48.00	648
高中数学题典——三角函数·平面向量	2016—07	48.00	649
高中数学题典——数列	2016—07	58.00	650
高中数学题典——不等式·推理与证明	2016—07	38.00	651
高中数学题典——立体几何	2016—07	48.00	652
高中数学题典——平面解析几何	2016—07	78.00	653
高中数学题典——计数原理·统计·概率·复数	2016—07	48.00	654
高中数学题典——算法·平面几何·初等数论·组合数学·其他	2016—07	68.00	655
台湾地区奥林匹克数学竞赛试题.小学一年级	2017—03	38.00	722
台湾地区奥林匹克数学竞赛试题.小学二年级	2017—03	38.00	723
台湾地区奥林匹克数学竞赛试题.小学三年级	2017—03	38.00	724
台湾地区奥林匹克数学竞赛试题.小学四年级	2017—03	38.00	725
台湾地区奥林匹克数学竞赛试题.小学五年级	2017—03	38.00	726
台湾地区奥林匹克数学竞赛试题.小学六年级	2017—03	38.00	727
台湾地区奥林匹克数学竞赛试题.初中一年级	2017—03	38.00	728
台湾地区奥林匹克数学竞赛试题.初中二年级	2017—03	38.00	729
台湾地区奥林匹克数学竞赛试题.初中三年级	2017—03	28.00	730
不等式证题法	2017—04	28.00	747
平面几何培优教程	2019—08	88.00	748
奥数鼎级培优教程.高一分册	2018—09	88.00	749
奥数鼎级培优教程.高二分册.上	2018—04	68.00	750
奥数鼎级培优教程.高二分册.下	2018—04	68.00	751
高中数学竞赛冲刺宝典	2019—04	68.00	883
初中尖子生数学超级题典.实数	2017—07	58.00	792
初中尖子生数学超级题典.式、方程与不等式	2017—08	58.00	793
初中尖子生数学超级题典.圆、面积	2017—08	38.00	794
初中尖子生数学超级题典.函数、逻辑推理	2017—08	48.00	795
初中尖子生数学超级题典.角、线段、三角形与多边形	2017—07	58.00	796
数学王子——高斯	2018—01	48.00	858
坎坷奇星——阿贝尔	2018—01	48.00	859
闪烁奇星——伽罗瓦	2018—01	58.00	860
无穷统帅——康托尔	2018—01	48.00	861
科学公主——柯瓦列夫斯卡娅	2018—01	48.00	862
抽象代数之母——埃米·诺特	2018—01	48.00	863
电脑先驱——图灵	2018—01	58.00	864
昔日神童——维纳	2018—01	48.00	865
数坛怪侠——爱尔特希	2018—01	68.00	866
传奇数学家徐利治	2019—09	88.00	1110

刘培杰数学工作室
已出版(即将出版)图书目录——初等数学

书　　名	出版时间	定　价	编号
当代世界中的数学.数学思想与数学基础	2019－01	38.00	892
当代世界中的数学.数学问题	2019－01	38.00	893
当代世界中的数学.应用数学与数学应用	2019－01	38.00	894
当代世界中的数学.数学王国的新疆域(一)	2019－01	38.00	895
当代世界中的数学.数学王国的新疆域(二)	2019－01	38.00	896
当代世界中的数学.数林撷英(一)	2019－01	38.00	897
当代世界中的数学.数林撷英(二)	2019－01	48.00	898
当代世界中的数学.数学之路	2019－01	38.00	899

书　　名	出版时间	定　价	编号
105 个代数问题:来自 AwesomeMath 夏季课程	2019－02	58.00	956
106 个几何问题:来自 AwesomeMath 夏季课程	2020－07	58.00	957
107 个几何问题:来自 AwesomeMath 全年课程	2020－07	58.00	958
108 个代数问题:来自 AwesomeMath 全年课程	2019－01	68.00	959
109 个不等式:来自 AwesomeMath 夏季课程	2019－04	58.00	960
110 个几何问题:选自各国数学奥林匹克竞赛	2024－04	58.00	961
111 个代数和数论问题	2019－05	58.00	962
112 个组合问题:来自 AwesomeMath 夏季课程	2019－05	58.00	963
113 个几何不等式:来自 AwesomeMath 夏季课程	2020－08	58.00	964
114 个指数和对数问题:来自 AwesomeMath 夏季课程	2019－09	48.00	965
115 个三角问题:来自 AwesomeMath 夏季课程	2019－09	58.00	966
116 个代数不等式:来自 AwesomeMath 全年课程	2019－04	58.00	967
117 个多项式问题:来自 AwesomeMath 夏季课程	2021－09	58.00	1409
118 个数学竞赛不等式	2022－08	78.00	1526
119 个三角问题	2024－05	58.00	1726
119 个三角问题	2024－05	58.00	1726

书　　名	出版时间	定　价	编号
紫色彗星国际数学竞赛试题	2019－02	58.00	999
数学竞赛中的数学:为数学爱好者、父母、教师和教练准备的丰富资源.第一部	2020－04	58.00	1141
数学竞赛中的数学:为数学爱好者、父母、教师和教练准备的丰富资源.第二部	2020－07	48.00	1142
和与积	2020－10	38.00	1219
数论:概念和问题	2020－12	68.00	1257
初等数学问题研究	2021－03	48.00	1270
数学奥林匹克中的欧几里得几何	2021－10	68.00	1413
数学奥林匹克题解新编	2022－01	58.00	1430
图论入门	2022－09	58.00	1554
新的、更新的、最新的不等式	2023－07	58.00	1650
几何不等式相关问题	2024－04	58.00	1721
数学归纳法——一种高效而简捷的证明方法	2024－06	48.00	1738
数学竞赛中奇妙的多项式	2024－01	78.00	1646
120 个奇妙的代数问题及 20 个奖励问题	2024－04	48.00	1647
几何不等式相关问题	2024－04	58.00	1721
数学竞赛中的十个代数主题	2024－10	58.00	1745

刘培杰数学工作室
已出版(即将出版)图书目录——初等数学

书　　名	出版时间	定　价	编号
澳大利亚中学数学竞赛试题及解答(初级卷)1978～1984	2019－02	28.00	1002
澳大利亚中学数学竞赛试题及解答(初级卷)1985～1991	2019－02	28.00	1003
澳大利亚中学数学竞赛试题及解答(初级卷)1992～1998	2019－02	28.00	1004
澳大利亚中学数学竞赛试题及解答(初级卷)1999～2005	2019－02	28.00	1005
澳大利亚中学数学竞赛试题及解答(中级卷)1978～1984	2019－03	28.00	1006
澳大利亚中学数学竞赛试题及解答(中级卷)1985～1991	2019－03	28.00	1007
澳大利亚中学数学竞赛试题及解答(中级卷)1992～1998	2019－03	28.00	1008
澳大利亚中学数学竞赛试题及解答(中级卷)1999～2005	2019－03	28.00	1009
澳大利亚中学数学竞赛试题及解答(高级卷)1978～1984	2019－05	28.00	1010
澳大利亚中学数学竞赛试题及解答(高级卷)1985～1991	2019－05	28.00	1011
澳大利亚中学数学竞赛试题及解答(高级卷)1992～1998	2019－05	28.00	1012
澳大利亚中学数学竞赛试题及解答(高级卷)1999～2005	2019－05	28.00	1013
天才中小学生智力测验题.第一卷	2019－03	38.00	1026
天才中小学生智力测验题.第二卷	2019－03	38.00	1027
天才中小学生智力测验题.第三卷	2019－03	38.00	1028
天才中小学生智力测验题.第四卷	2019－03	38.00	1029
天才中小学生智力测验题.第五卷	2019－03	38.00	1030
天才中小学生智力测验题.第六卷	2019－03	38.00	1031
天才中小学生智力测验题.第七卷	2019－03	38.00	1032
天才中小学生智力测验题.第八卷	2019－03	38.00	1033
天才中小学生智力测验题.第九卷	2019－03	38.00	1034
天才中小学生智力测验题.第十卷	2019－03	38.00	1035
天才中小学生智力测验题.第十一卷	2019－03	38.00	1036
天才中小学生智力测验题.第十二卷	2019－03	38.00	1037
天才中小学生智力测验题.第十三卷	2019－03	38.00	1038
重点大学自主招生数学备考全书:函数	2020－05	48.00	1047
重点大学自主招生数学备考全书:导数	2020－08	48.00	1048
重点大学自主招生数学备考全书:数列与不等式	2019－10	78.00	1049
重点大学自主招生数学备考全书:三角函数与平面向量	2020－08	68.00	1050
重点大学自主招生数学备考全书:平面解析几何	2020－07	58.00	1051
重点大学自主招生数学备考全书:立体几何与平面几何	2019－08	48.00	1052
重点大学自主招生数学备考全书:排列组合·概率统计·复数	2019－09	48.00	1053
重点大学自主招生数学备考全书:初等数论与组合数学	2019－08	48.00	1054
重点大学自主招生数学备考全书:重点大学自主招生真题.上	2019－04	68.00	1055
重点大学自主招生数学备考全书:重点大学自主招生真题.下	2019－04	58.00	1056
高中数学竞赛培训教程:平面几何问题的求解方法与策略.上	2018－05	68.00	906
高中数学竞赛培训教程:平面几何问题的求解方法与策略.下	2018－06	78.00	907
高中数学竞赛培训教程:整除与同余以及不定方程	2018－01	88.00	908
高中数学竞赛培训教程:组合计数与组合极值	2018－04	48.00	909
高中数学竞赛培训教程:初等代数	2019－04	78.00	1042
高中数学讲座:数学竞赛基础教程(第一册)	2019－06	48.00	1094
高中数学讲座:数学竞赛基础教程(第二册)	即将出版		1095
高中数学讲座:数学竞赛基础教程(第三册)	即将出版		1096
高中数学讲座:数学竞赛基础教程(第四册)	即将出版		1097

刘培杰数学工作室
已出版(即将出版)图书目录——初等数学

书　　名	出版时间	定　价	编号
新编中学数学解题方法 1000 招丛书. 实数(初中版)	2022－05	58.00	1291
新编中学数学解题方法 1000 招丛书. 式(初中版)	2022－05	48.00	1292
新编中学数学解题方法 1000 招丛书. 方程与不等式(初中版)	2021－04	58.00	1293
新编中学数学解题方法 1000 招丛书. 函数(初中版)	2022－05	38.00	1294
新编中学数学解题方法 1000 招丛书. 角(初中版)	2022－05	48.00	1295
新编中学数学解题方法 1000 招丛书. 线段(初中版)	2022－05	48.00	1296
新编中学数学解题方法 1000 招丛书. 三角形与多边形(初中版)	2021－04	48.00	1297
新编中学数学解题方法 1000 招丛书. 圆(初中版)	2022－05	48.00	1298
新编中学数学解题方法 1000 招丛书. 面积(初中版)	2021－07	28.00	1299
新编中学数学解题方法 1000 招丛书. 逻辑推理(初中版)	2022－06	48.00	1300
高中数学题典精编. 第一辑. 函数	2022－01	58.00	1444
高中数学题典精编. 第一辑. 导数	2022－01	68.00	1445
高中数学题典精编. 第一辑. 三角函数・平面向量	2022－01	68.00	1446
高中数学题典精编. 第一辑. 数列	2022－01	58.00	1447
高中数学题典精编. 第一辑. 不等式・推理与证明	2022－01	58.00	1448
高中数学题典精编. 第一辑. 立体几何	2022－01	58.00	1449
高中数学题典精编. 第一辑. 平面解析几何	2022－01	68.00	1450
高中数学题典精编. 第一辑. 统计・概率・平面几何	2022－01	58.00	1451
高中数学题典精编. 第一辑. 初等数论・组合数学・数学文化・解题方法	2022－01	58.00	1452
历届全国初中数学竞赛试题分类解析. 初等代数	2022－09	98.00	1555
历届全国初中数学竞赛试题分类解析. 初等数论	2022－09	48.00	1556
历届全国初中数学竞赛试题分类解析. 平面几何	2022－09	38.00	1557
历届全国初中数学竞赛试题分类解析. 组合	2022－09	38.00	1558
从三道高三数学模拟题的背景谈起:兼谈傅里叶三角级数	2023－03	48.00	1651
从一道日本东京大学的入学试题谈起:兼谈 π 的方方面面	即将出版		1652
从两道 2021 年福建高三数学测试题谈起:兼谈球面几何学与球面三角学	即将出版		1653
从一道湖南高考数学试题谈起:兼谈有界变差数列	2024－01	48.00	1654
从一道高校自主招生试题谈起:兼谈詹森函数方程	即将出版		1655
从一道上海高考数学试题谈起:兼谈有界变差函数	即将出版		1656
从一道北京大学金秋营数学试题的解法谈起:兼谈伽罗瓦理论	2024－10	38.00	1657
从一道北京高考数学试题的解法谈起:兼谈毕克定理	即将出版		1658
从一道北京大学金秋营数学试题的解法谈起:兼谈帕塞瓦尔恒等式	2024－10	68.00	1659
从一道高三数学模拟测试题的背景谈起:兼谈等周问题与等周不等式	即将出版		1660
从一道 2020 年全国高考数学试题的解法谈起:兼谈斐波那契数列和纳卡穆拉定理及奥斯图达定理	即将出版		1661
从一道高考数学附加题谈起:兼谈广义斐波那契数列	即将出版		1662

刘培杰数学工作室
已出版(即将出版)图书目录——初等数学

书　　名	出版时间	定　价	编号
从一道普通高中学业水平考试中数学卷的压轴题谈起——兼谈最佳逼近理论	2024—10	58.00	1759
从一道高考数学试题谈起——兼谈李普希兹条件	即将出版		1760
从一道北京市朝阳区高三期末数学考试题的解法谈起——兼谈希尔宾斯基垫片和分形几何	即将出版		1761
从一道高考数学试题谈起——兼谈巴拿赫压缩不动点定理	即将出版		1762
从一道中国台湾地区高考数学试题谈起——兼谈费马数与计算数论	即将出版		1763
从 2022 年全国高考数学压轴题的解法谈起——兼谈数值计算中的帕德逼近	即将出版		1764
从一道清华大学 2022 年强基计划数学测试题的解法谈起——兼谈拉马努金恒等式	即将出版		1765
从一篇有关数学建模的讲义谈起——兼谈信息熵与信息论	即将出版		1766
从一道清华大学自主招生的数学试题谈起——兼谈格点与闵可夫斯基定理	即将出版		1767
从一道 1979 年高考数学试题谈起——兼谈勾股定理和毕达哥拉斯定理	即将出版		1768
从一道 2020 年北京大学“强基计划”数学试题谈起——兼谈微分几何中的包络问题	即将出版		1769
从一道高考数学试题谈起——兼谈香农的信息理论	即将出版		1770
代数学教程.第一卷,集合论	2023—08	58.00	1664
代数学教程.第二卷,抽象代数基础	2023—08	68.00	1665
代数学教程.第三卷,数论原理	2023—08	58.00	1666
代数学教程.第四卷,代数方程式论	2023—08	48.00	1667
代数学教程.第五卷,多项式理论	2023—08	58.00	1668
代数学教程.第六卷,线性代数原理	2024—06	98.00	1669
中考数学培优教程——二次函数卷	2024—05	78.00	1718
中考数学培优教程——平面几何最值卷	2024—05	58.00	1719
中考数学培优教程——专题讲座卷	2024—05	58.00	1720

联系地址:哈尔滨市南岗区复华四道街 10 号　哈尔滨工业大学出版社刘培杰数学工作室
邮　　编:150006
联系电话:0451—86281378　　13904613167
E-mail:lpj1378@163.com